U0318469

昆虫记

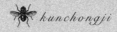

kunchongji

[法] 亨利·法布尔

——

著

王光波

——

译

民主与建设出版社

·北 京·

© 民主与建设出版社，2018

图书在版编目（CIP）数据

昆虫记 /（法）亨利·法布尔著；王光波译 . —— 北京：民主与建设出版社，
2018.4（2021.7 重印）
（经典随身读 / 侯海博主编）
ISBN 978-7-5139-2081-0

Ⅰ.①昆… Ⅱ.①亨… ②王… Ⅲ.①昆虫学 – 普及读物 Ⅳ.① Q96-49

中国版本图书馆 CIP 数据核字 (2018) 第 063033 号

昆虫记
KUNCHONGJI

出 版 人：李声笑
著　　者：[法] 亨利·法布尔
译　　者：王光波
责任编辑：袁　蕊　王　越
封面设计：冬　凡
出版发行：民主与建设出版社有限责任公司
电　　话：（010）59417747　59419778
社　　址：北京市海淀区西三环中路 10 号望海楼 E 座 7 层
邮　　编：100142
印　　刷：三河市华成印务有限公司
版　　次：2018 年 9 月第 1 版
印　　次：2021 年 7 月第 4 次印刷
开　　本：880mm×1230mm　1/32
印　　张：7
字　　数：145 千字
书　　号：ISBN 978-7-5139-2081-0
定　　价：36.00 元

注：如有印、装质量问题，请与出版社联系。

前言

　　一个人耗费一生的光阴来观察、研究"虫子",已经算是奇迹了;一个人一生专为"虫子"写出一部皇皇巨著,更不能不说是奇迹;而这部书居然一版再版,先后被翻译成50多种文字,直到百年之后还在读书界一次又一次引起轰动,更是奇迹中的奇迹。著名作家巴金曾这样评价:"它熔作者毕生研究成果和人生感悟于一炉,以人性观察虫性,将昆虫世界化作供人类获得知识、趣味、美感和思想的美文。"这些奇迹的创造者就是法布尔和他的《昆虫记》。

　　19世纪末20世纪初的法国,一本集自然科学和人文关怀于一体的昆虫百科全书——《昆虫记》出版了。在《昆虫记》中,作者将专业知识与人生感悟熔于一炉,娓娓道来,在对一种种昆虫的特征和日常生活习性的描述中体现出作者对生活世事特有的眼光,字里行间洋溢着作者本人对生命的尊重与热爱。该书一出版便立即成为畅销书,在法国自然科学史与文学史上都具有举足轻重的地位。它不仅是一部研究昆虫的科学巨著,同时也是一部讴歌生命的宏伟诗篇,被人们冠以"昆虫的史诗"之美称,法布尔也由此获得了"科学诗人""昆虫界的荷马""动物心理学的创导人"等桂冠,并因此书于 1910 年获得诺贝尔文学奖的提名。这样的作品在世界上引起巨大轰动，没有哪位昆虫学家具备如此高明的文学表达才能，也没有哪位作家具备如此博大精深的昆虫学造诣。法国 20 世纪初的著名作家罗曼·罗兰称赞道："他观察之热情耐心、细致入微，令我钦佩，他的书堪称艺术杰作。"

法布尔数十年间，不局限于传统的解剖和分类方法，选取了蚂蚁、蟋蟀、圣甲虫、大孔雀蝶、蝉等读者感兴趣的昆虫，生动详尽地记录下这些小生命的体貌特征、食性、喜好、生存技巧、蜕变、繁衍和死亡，然后将观察记录结合思考所得书写成具有多层次意味、立体化价值的鸿篇巨制，使昆虫世界成为人类获得知识、趣味、美感和思想的文学形态。1923 年，《昆虫记》由周作人译介到中国，90 多年来一直受到国人的广泛好评。本书译者本着优中选优、独立成篇的原则，精心编就此书，熔思想性、艺术性、文学性于一炉，具有很高的欣赏价值。全书叙述生动，保留了原著的语言风格，并进行了通俗易懂的演绎，为读者奉上一道宝贵的精神盛宴。

更值得一提的是，《昆虫记》除了真实地记录了昆虫的生活，还透过昆虫世界折射出人类的社会与人生。书中不时语露机锋，提出对生命价值的深度思考，试图在科学中融入更深层的含义。

目录

第 1 卷

Book One

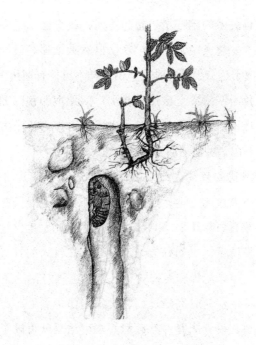

第一章
我 与 荒 石 园

　　只为活命，吃苦是否值得？我常常思忖这样的问题。我向来想为自己在荒郊野外准备一间实验室，然而这并不是一件简单的事情，何况我每天还要为填饱肚子而费心。凭着我不依不饶四十年如一日与贫苦打交道的勇气，我终于等到了有实验室的这一天。过程无须再提，梦寐以求的实验室终于到手了！为此，我也有更多的闲暇了。想想从前，我真像一个脚上拖着镣铐的犯人。梦想实现并不论早晚。虽然除了那些已经失去的东西，我无悔于这二十年的时光，但同样不再怀有期待——种种世态炎凉令我心灰意冷。虽然当初那广阔无垠的视野如今已经缩小了，并且日益变得狭窄，但我也不用再担心桃子成熟的时候牙齿已经不在。可爱的虫子们啊！

　　这里是我的梦想之地，我最钟情的地方。那样一块地，哦，一块不太大的土地，然而自成世外桃源一般，有围墙与公路上的诸多麻烦隔开；一块经受雨打风吹的不毛之地，然而是矢车菊和膜翅目昆虫的好去处。没有过往行人的打扰，我可以专心致志地与砂泥蜂和泥蜂对话。当然这种对话是通过实验进行的；既不用消耗时间出远门，又不用伤神到处奔走，只要按照我的计划，设计圈套，然后耐心观察结果就可以了。我的世外桃源，是的，那里有我的愿望和梦想。

放眼望去，四周都是废墟，只有中间矗立着一堵以石灰和泥沙作为基础的断墙——它就是我对科学真理热爱的写照。有人说，我的语言不严谨，说白了，就是没有学院的干巴气。他们总觉得，读起来不费劲的作品就是没有表达真理，那么只有佶屈聱牙的文章才算思想深刻喽。不管你们这些带螫针和盔甲上长鞘翅的小伙伴们有多少，都来为我辩护吧。我跟你们是多么亲密，我观察你们是多么耐心，记录你们的行为又是多么仔细。你们一定会异口同声地作证说，是的。我的作品没有空洞的公式和不懂装懂的白话，只是准确地记录我所看到的，一分不多，一分不少。让那些不懂的人去问你们吧，你们一定会这样说的。我亲爱的虫子们，如果这些对你们不够生动的描述无法说服那些自称"正直"的人，我将告诉他们："当你们剖开虫子的肚子时，我却在它们活蹦乱跳的时候研究它们；当你们把虫子变成恐怖或可怜的东西时，我让人们爱它们；当你们在实验室里将虫子切碎时，我与蓝天一起听着蝉鸣观察它们；当你们把细胞放进化学反应堆时，我在研究生命的本质；当你们关注死时，我关注生。"再进一步说明吧：博物学对青年来说原本是好专业，却由于科技的发达，已如此令人生倦。与其说我是为了对生命感兴趣的学者、哲学家们来写这本书，不如说我是为了年轻人。我多想让他们热爱这门已经变得恶心的博物学。这就是我坚持实事求是，又不采用学术写法——好像休伦人的土话似的——的原因。

哦，我灵巧的膜翅目昆虫啊，我能否用这份热爱来书写你们的故事呢？我的体力还可以支撑吧？为什么我这么久都对你们不闻不问呢？有的朋友已经在斥责我了。啊，告诉他们吧，告诉我们共同的朋友，并非我健忘、懈怠才把你们搁置一旁；我想念你们，一如我相信节腹泥蜂的巢里还有尚待探寻的秘密，飞蝗泥蜂的捕猎里也有令人惊奇的故事。我缺少的只是时间，还有旁人的支持，好使我能继续跟不幸的命运做斗争。先要活下去，才能够高谈阔论。这样告诉他们吧，他们一定能谅解的。

现在我要做的不是这些，而是要说说我的圣地——它将被我改造成活昆虫实验场。我是在一个荒僻的小山村里找到它的。当地人叫它"荒石园"，就是一块除了百里香和石头之外什么都没有的荒地。这种贫瘠的土地甚至不能通过耕种来改良。不过我的这块圣地里有零星的红色土壤，所以长了些植物，据说从前这里种过葡萄。当我为了种树而挖掘土地时，的确会挖出些根茎，部分时间久远的都已经变成炭了。我唯一能使用的工具是三齿叉。过去的葡萄都没有了真是很遗憾。剩下的百里香，薰衣草，灌栎——它们连成的小荆棘丛人们一抬腿就跨过去了——也都荡然无存。而这些植物对我来说是有用的，它们可以为膜翅目昆虫提供原料。不得已，我只能再把它们种回去。

在这片长期荒芜的土地里，长满了无须我照料的植物。排名第一的是狗牙草——一种可恶的禾本科植物，我与之做了三年斗争都没将它们清理干净；其次是矢车菊，用刺或星形的戟把自己武装起来的它们看起来倔强极了，有两年生矢车菊、丘陵矢车菊、蒺藜矢车菊、苦涩矢车菊，尤以第一种为多。在各种矢车菊的身影中，夹杂着凶神恶煞的西班牙刺柊，像蜡烛台似的，枝丫上绽放着火焰一样的红色花朵，刺茎像钉子那么硬。伊利大翅蓟比刺柊要高，那又直又高的茎有一两米高，头上顶着一个玫瑰色的大绒球。还有一名不能忘记的成员就是刺茎菊科植物。这个家族里恶蓟是老大，浑身是刺的它让采集植物的人不知道从哪里下手；第二种是阔叶披针蓟，它的叶脉边缘像矛头一样；最后是带刺的有玫瑰花结的染黑蓟。在这些蓟类的空隙中，长着荆棘的新枝丫，上面有浅蓝色的果实，拉成绳子状铺在地上。若想观察膜翅目昆虫在荆棘中采蜜，就得穿半高的靴子，不然腿就得被扎出血来。在开满黄色头状花序的两年生矢车菊的地上，刺柊和大翅蓟总是借着土里残留的春雨拼命地生长。更不用说生命力顽强的刺棘了，它早就展示出妩媚的姿态了。但等到干旱的夏天，只要擦根火柴这块地上的枯枝败叶就会燃烧起来。

这就是我的伊甸园——我跟小虫子们亲密无间相处的地方。我可是经过了四十年的奋斗才得到它。它无愧于伊甸园这个称呼。虽说没有一个人愿意撒把萝卜子给它，但它却是膜翅目昆虫的天堂。波多尔佩雷教授是我发现新昆虫后的第一分享者，他对我的捕虫方法十分好奇——我总是能给他很多稀罕的，甚至是新品种的虫子。我不爱捉虫，也不太精通，比起被钉死在盒子里的昆虫，我更喜欢在长着茂密的蓟和矢车菊的草地上工作的虫。

地里的蓟和矢车菊对膜翅目昆虫来说是极大的诱惑。我从没在别的地方见过如此多的昆虫；从事各种职业的昆虫都来这里聚会，猎手、建筑师、纺织工、组装师、泥瓦匠、木匠、矿工，多得我都数不清了。这是什么呢？黄斑蜂。它在矢车菊网般的茎间刮来刮去，最后堆出一个棉花球，并洋洋得意地把它带到地上，用来做装蜜和卵的棉毡袋。那些奋不顾身争夺战利品的是谁？它们是肚子上有黑色、白色或火红色的花粉刷的切叶蜂。它们的目的地是附近的灌木丛。在那里它们将剪下椭圆形的叶子制成能盛放收获品的容器。穿着黑色绒衣的是谁呢？原来是在加工水泥和卵石的石蜂。要在石头上找到它们建筑的房子可不是一件难事。飞来飞去、嗡鸣大作的是谁？是定居在旧墙和附近向阳斜坡上的砂泥蜂。壁蜂在干吗呢？一只在空蜗牛的壳里工作；另一只为了给幼虫做圆柱形的房子而啄着干掉的荆棘；第三只想用断掉的芦竹做天然通道；第四只则闲在墙上石蜂的走廊上无所事事。大头泥蜂和长须蜂高高翘起属于雄蜂的触角；毛足蜂在自己采蜜的后足上插了支大毛笔，土蜂的种类繁多，隧蜂的腰细如杨柳……种类太多了，如果把菊科植物中的客人都介绍一遍，那就等于把采蜜族的蜂类数了一遍。

冤家路窄，采蜜家族和捕猎者们偏偏住在一起。荒石园中，泥水匠为了砌围墙而运来的沙子和石头成了石蜂过夜的好去处。单眼蜥蜴凭借着粗壮的体型总在近处捕猎，无论人或狗都会成为它的猎物。为了守候过路的蜘蛛，它总有自己的洞穴。大耳鸟白身体、黑翅膀，仿佛穿了多明我会的服装，它栖息在高高的石头上，哼着乡间小调。它那有天蓝色蛋的窝应当在某个石头堆里。后来这个讨人喜欢的邻居消失了。比起这位小多明我会修士，我倒是一点也不怀念单眼蜥蜴。

有些昆虫也会在沙子里筑巢。泥蜂清扫门洞，它身后留下的尘土像抛物线一般；朗格多克飞蝗泥蜂把距螽拖走；大唇泥蜂将捕到的叶蝉放入地窖。可惜的是，泥瓦匠又把这些猎手都赶走了。我想，等我哪天搞一个沙堆来，它们就会再回来的。

▲黑花园蚁

还是有些虫子没有走的，沙泥蜂没有离开，春天、秋天我都见过它们，在荒石园的小路边的草地上飞来飞去，寻找幼虫。体型大些的则寻觅狼蛛。荒石园里到处都是狼蛛的巢穴——一个竖井似的坑，边上有禾本科植物的茎作为护栏。坑底就是有着令人胆战心惊的、像金刚钻一样闪闪发亮的眼睛的狼蛛。即使对于蛛蜂来说，这样的捕猎都是危险的。现在快看，一个炎热的下午，雌蚁排着队从窝里爬出来寻找奴隶。忙里偷闲，让我们看看蚂蚁是如何围猎的。另一边呢，一堆腐烂的草周围，土蜂没精打采地飞着，然后又一头扎进满是鳃金龟、蛀犀金龟和花金龟的幼虫的草丛里。

可以研究的对象实在太多了，数都数不完。闲置的园子总会被各种各样的动物占据。房前的大池塘里，有村庄的喷泉供水的渡槽源源不断地输入水。方圆一公里的两栖类动物总是在交配季节赶到那里。有盘子大的灯心草蟾蜍，来池塘洗澡约会，背上还披着黄色的绶带；暮色深沉，雌蟾蜍放心地把一串李子核大的卵交给助产士雄蟾蜍。慈祥的父亲带着这袋小生命在池塘边跳跃，它来自远方，只为把卵放入水中，然后再离开池塘，躲起来呱呱歌唱。成群的雨蛙躲在树丛中，如果它们不想叫就去水中嬉戏。五月的夜幕使这水塘变成了吵闹的舞台。在桌前吃不下饭，在床上睡不着觉，必须用些严格的手段来整顿一下。不然怎么办呢？无法入眠的人心肠会变得狠毒。

丁香丛里的是莺；定居在茂密的柏树下的是翠雀；瓦片下的碎布和稻草都是麻雀藏进去的；梧桐树上美妙歌声的主人是南方金丝雀，它的窝只有半个杏子那么大；晚上唱着单调如笛声的歌曲的总是红角鸮；刺耳的咕咕声只能是雅典之鸟猫头鹰发出的。

更无法无天的是膜翅目昆虫，它们占领了我的地盘。白边飞蝗泥蜂把家安在我家门槛的缝隙里，每次跨进家门之前，我得小心别踩坏它们的窝，别踩坏专心致志干活的工蜂们。整整二十五年我都没见过这捕食蝗虫的猎手了。

第一次见它们的时候，我徒步几公里去拜访，而且头上顶着八月火辣辣的太阳。而如今我在自己家门口看见它了，我们成了亲密的邻居。关闭的窗框是长腹蜂的小宅，它贴在墙壁的方石上的窝是土砌的，这种可以捕食蜘蛛的小虫从护窗板上偶然出现的小洞找到了回家的路。百叶窗的线脚上有几只孤单石蜂筑起的窝；黑胡蜂将一个大口短细颈的小土圆顶屋筑在了半开的屏风下。胡蜂和长脚胡蜂更是家中的常客，它们总在饭桌上尝尝葡萄有没有熟透。

这些动物远远不是全部。假如我能跟它们交谈，就能给我孤寂的生命添加一份乐趣。无论是旧识或是新友，它们都挤在我眼前的这一方小天地捕食、采蜜、筑巢。就算要改变观察地点，几步开外的山上就有野草莓丛、岩蔷薇丛、欧石楠树丛。既有泥蜂喜欢的沙层，也有膜翅目昆虫喜欢的泥灰石坡。我之所以逃离城市回归乡村，正是遇见了这些宝贵的财富。

人们在大洋洲和地中海边花许多钱建立实验室，为的是解剖那些没什么益处的海洋小生物；人们使用显微镜、精密的解剖仪、捕猎设备、船、人力、鱼缸，只为知道某种环节动物的卵黄如何分裂，我始终不明白这有什么意义。可是，人们看不起地上的小虫子——跟我们息息相关的小虫子们；有的为普通生理学提供了大量的有效资料；有些破坏庄稼。我们需要一座昆虫实验室，研究不是那种泡在烧酒里的死昆虫而是活着的昆虫，研究这些小虫子的本能、习性、生活方式、劳动和繁衍，无论农学或哲学都需要严肃对待它们。彻底了解蚕食葡萄的虫子的历史，比了解一种蔓足亚纲动物的一根神经末梢是什么样子的更重要。通过实验来区分智慧和本能的界限，通过比较动物学系列的事实来证明，人的理性思维是不是会退化。这些都比甲壳动物触角的节数重要。要解决这些问题，需要一支劳动大军，然而现在我们仍然一无所有。

人们能想到的只有软体动物、植食性无脊椎动物。人们投入大量的拖网来探索海底，却对脚下的土地漠然。为了改变人们的观念，我开辟了荒石园作为活体昆虫的实验室。这个实验室不会难为纳税人，一分钱都不用他们掏。

第二章

童 年 的 回 忆

　　我的童年时代，无忧无虑，几乎和昆虫不分彼此。那时的我几乎和鸟类一样，充满着对鸟巢、鸟蛋和张着黄色鸟喙的雏鸟的渴望。我喜欢把山楂树当作床，把鳃金龟和花金龟放在一个扎了孔的纸盒里，然后放在那张床上喂养。我很早就被蘑菇那绚丽多彩的颜色迷住了。当那个稚嫩的小男孩第一次穿上吊带裤，被那些不易读懂的书籍吸引时，就好像是我第一次发现鸟窝和第一次采到蘑菇时一样激动。人到了晚年，总是喜欢回忆过去，现在就让我来说说这些重大的事情吧。

　　中午时分，一窝小鹑正在太阳底下安静地休息，被一位路过的行人惊吓后，急忙四下逃散。这些小鸟像漂亮的小绒球，争先恐后地逃离，转眼消失在荆棘丛中；等四周恢复平静之后，伴随着第一声呼唤，小鸟们又都跑回来争相躲在妈妈的翅膀下。这幅情景唤醒了我那沉睡的童年记忆。我的好奇心开始从那朦朦胧胧的无意识中摆脱出来。在久远的回忆之中，我重新回到了那美好的岁月，那是多么幸福的时光啊！往事就像一群雏鸟，在生活的荆棘中行走时被弄掉了羽毛。有些从灌木中逃出来时头被撞得疼痛不堪，晃晃悠悠的，连路都走不稳；有些消失不见了，也许已经闷死在荆棘丛的某个角落里；还有些精神依然不错。然而，在记忆里最富有生命活力的依旧是那些最早发生的事。在儿时记忆的软蜡膜上这些事情所留下的印迹，已经变成了青铜般不可磨灭的记忆。

我那天的运气可真不赖，有一个苹果作点心，还可以自由地活动。我打算到附近那座被我当作是世界边缘的小山顶上去看看。那儿有一排树，它们背风站立，就像要被连根拔起似的。它们不停地摇摆着弯腰鞠躬。柔软的脊背引起了我极大的兴趣，今天它们安静地屹立在蓝天下，明天当风吹过时就会摇摆起来。我欣赏它们的淡定，也为它们惊恐不安的样子而难过。它们是我的朋友，我常常能够见到它们。穿过我家的小窗户，我不知多少次看到它们在暴风雨中频频低头摇摆，看见北风从山坡上刮过，卷起滚滚雪暴，这些树们在被撼动的大地上绝望地摇摆。这些饱受摧残的树在山顶上做什么呢？清晨，太阳从淡淡的天幕后升起，发出耀眼的光芒。太阳来自哪里？登上高处，我也许就能够找到答案。

我往山坡上爬去。脚下的草地已经被羊群啃得稀稀落落，幸亏没有荆棘，要不然，我的衣服会被划得破破烂烂，回家后还得为此被家人责问；这儿也没有大岩石，只有一些稀稀疏疏的扁平大石头，要不然，攀登时还可能出危险。道路很平坦，只管一直向前走就是了。但是这里的草地像屋顶那样，有坡度，我得不时地往上看。而且斜坡长得很，但我的腿却很短。我的那些朋友，也就是山顶上的树木，看着也并没有变得近一些。小伙子，勇敢点！努力往上爬。呀，刚刚有什么东西从我脚边经过？原来是一只漂亮的鸟刚刚从藏身的大石板下飞出来。有个鸟窝，是用毛和细草编造而成的。这是我发现的第一个鸟窝，真是太走运了！在鸟窝里共有六个蛋，它们挨在一块儿很好看。蛋壳就像在天蓝色的颜料中浸过似的，蓝得那么好看。这是鸟类带给我的第一次欢乐，我被幸福的感觉包围了，干脆趴在草地上，观察起来。

但就在此时，雌鸟一边慌乱地从一块石头飞到附近的另一块石头上，一边嗓子里还发出塔格塔格的声响。那个年龄的我还不知道什么是同情，我甚至对母亲的担忧挂念也无法理解，真是个十足的大笨蛋。当时我的脑子里正计划着想要抓这些小动物。我想在两周之后再回到这里，在这些鸟儿还没长大飞走之前掏鸟窝。不过现在嘛，就先拿走一个鸟蛋，就一个，用来证明我这个伟大的发现。

我害怕把那个脆弱的蛋打碎，便把它用一些苔藓垫着放在一个手心里。童年时没有体验过那种第一次找到鸟窝时欣喜若狂的心情的人们，你们想指责的话就指责吧。我干脆不再向上爬了，下次再去山上看太阳升起的地方的那些树木吧。我走下山坡，小心翼翼地握着鸟蛋，以免一脚踩空把它捏烂。在山脚下，我碰上了牧师，他边散步边看日课经。他注意到了我走路时那紧张严肃的模样，像是一个搬运圣物者。很快，他就发现了我的手里藏着什么东西。

他问道："孩子，你手里是什么东西？"

我有点忐忑不安地伸开手掌，那枚躺在苔藓上的蓝色的蛋就露了出来。

"啊！这是'岩生'，你是从哪儿弄来的？"牧师说道。

"山上，从一块石头的底下。"

我招架不住他的一再追问，很快就把自己的小过失全盘招认了。我并不是特意去掏鸟窝的，而是偶然地发现了一个鸟窝，那里面共有六个蛋，我就拿了一个，就是这个。我想等其他的蛋孵化，等到孵化出来的小鸟翅膀上长出粗羽毛管时，再去捉它们。

牧师答道："你不能这样做，我的孩子。你不该从母亲那里抢走它的孩子，这个家庭是无辜的，你应该尊重它，让上帝的鸟长大，然后从鸟窝里飞出来。它们帮助我们清除吃庄稼的害虫，是庄稼的朋友。要是你想做个好孩子，就不要再去动那个鸟窝了！"

我答应了，牧师继续他的散步，我也回到了家里。那时，我孩童时期近乎空白的大脑中播下了两颗优良的种子。刚才牧师那一番威严的话语让我明白，破坏鸟窝是一种糟糕的行为。虽然我还不知道鸟是怎样帮助我们消灭虫子，消灭破坏收成的害虫的，但是在我的内心深处，我已经感到让母亲伤心是不对的。牧师看到我所找来的这个东西时说了"岩生"这个词。瞧！我心想，动物也和我们人类一样有名字。"岩生"是什么意思？是谁给它们起的名字？在草地上和树林里，我所知道的其他一些东西又叫什么呢？

若干年之后，我才知道拉丁语"岩生"是生活在岩石中的意思。当年，当我正全神贯注地盯着那窝鸟蛋时，那只鸟确实是从一块岩石飞向另一块岩石的。那个以突出的大石板为屋顶的巢就是它的家。从一本书中我进一步了解到，这种鸟也叫土坷垃鸟，它喜欢多石的山冈，在耕种季节里，从一块泥土飞到另一块泥土上，找寻犁沟里挖出的虫子。后来我又知道普罗旺斯语里它叫作白尾鸟。这个生动形象的名称让听到的人很快就联想到，它在休耕田上突然起飞做特技飞行表演时，那展开的尾巴就像是白蝴蝶。牧师脱口而出的那个词，为我打开了一个世界，一个草木和动物拥有自己真实名称的世界。有一天，我将用它们的真实姓名，与田野这个舞台上数以千计的演员和小路边成千上万朵小花们打招呼。还是将来再去整理卷帙浩繁的词汇吧，今天我只是先回忆一下"岩生"这个词。

　　我们村子西面的山坡上，鼓突的矮墙围起层层梯田，墙面上布满了密密麻麻的地衣和苔藓。那里有层层分布的果园。李子和苹果成熟了，看着就像是一片鲜果瀑布。一条小溪流过斜坡，无论站在哪个地方都能一步跨到对岸。在水面开阔的地方，有一些半面露出水面的平坦石头，人们踩着它们过溪。最深的地方也不会没过膝盖，因此孩子不见时，母亲们也不用担心孩子会跌落深水涡流中。可爱的溪水，如此的清澈、宁静，而又安详。后来我见过一些波澜壮阔的河流，也见过浩瀚无垠的大海，但在我的记忆中，没有什么能与那涓涓细流相媲美。你是给我留下印象的第一章神圣诗篇，因此才能在我的心目中有这样的地位。但是一位磨坊主竟然想打这条穿过牧场的欢快溪流的主意。

　　他在半山坡上依着坡的斜度开出一条沟渠，让水分流，然后引进一个蓄水池里，为磨盘提供动力。这个水池被围墙围了起来，围墙脏兮兮的，长着荫草胡须。它所处的地方在一条小路边，那儿人来人往。一天，我骑在一位伙伴的肩膀上，从高处向里张望。我眼前是深不可测的死水，上面漂浮着黏黏糊糊的绿色种缨，滑腻腻的绿毯露出一些空洞，空洞里懒洋洋地游着一种黑黄色的蜥蜴，那时我觉得它像眼镜蛇和龙的儿子，就

15

是我们半夜三更无法入眠时讲的恐怖故事里的那种怪物。现在其实应该把它称为蝾螈。我的天哪，我可看够了，还是赶紧下去吧。

再往下走一段，水汇成溪流，两边的赤杨和白蜡树弯下腰，枝叶相互交错，形成了绿荫穹隆；粗根盘错，盘构成了门厅，门厅往里就是幽暗的长廊，那里是水生动物的藏身所。在这个隐蔽场所的门口，光线透过树叶的缝隙洒落下来，形成了椭圆形的光点，不停地晃来晃去。我们悄无声息地往前移动，趴在地上观察。在洞里住着红脖子鲢鱼。那些喉部鲜红的小鱼真漂亮！它们腮帮子一鼓一瘪的，没完没了地漱口。大家成群结队，齐头并进地逆流而上。要是想在流动的水里保持不动，就轻轻地抖动尾巴。一片树叶落入了水中，刷！那群鱼顿时消失得无影无踪了。小溪的另一边是一片山毛榉小树林，树干像柱子似的，光滑笔直。小嘴乌鸦在它们茂盛的树冠间呱呱地叫着，从翅膀上啄弄下一些被新羽毛替换下来的旧羽毛。地上铺着一层苔藓，我在这柔软湿润的地毯上还没走几步，就发现了一个尚未开的蘑菇，看着就像是随处下蛋的母鸡丢下的一个蛋。这是我采到的第一个蘑菇，一种好奇心唤起了我观察的欲望。我把它拿在手里好奇地打量着它的构造，反反复复地看。

没过多久，我又陆陆续续地找到了其他的蘑菇。这些蘑菇形状各异，大小不一，颜色各异，有的像铃铛，有的像灯罩，有的像平底杯，有的长长的像纺锤，有的凹陷则像漏斗，还有的圆圆的像半球。让我这个刚刚入门者眼界大开。我看到一些蘑菇瞬即就变成了蓝色，一些烂掉的大蘑菇上爬着虫子。还有一种蘑菇像梨子，这是我见到的最奇怪的蘑菇。它干干的，顶上有个像烟囱一样的圆孔。当我用指尖弹它们的肚子时，就会有一缕烟从烟囱里冒出，等里面的烟散发完了，就只剩下一团像火绒一样的东西。我在兜里装了一些，这样有空时就可以拿来冒烟玩。

我在这片欢快的小树林中获得了无穷的乐趣，自从第一次发现蘑菇后，我又多次光顾。就是在那里，在小嘴乌鸦的陪伴下，我懂得了关于蘑菇的基本知识。渐渐地，我就采了好多蘑菇，但我的收获物没有得到家人的欢迎。那种被称作"布道雷尔"的蘑菇，在我家人那里名声很臭，说是吃了它会中毒，母亲将它们从餐桌上清除了。为什么外表那么可爱的"布道雷尔"，竟会那么危险呢？我不明白。但是最终我还是相信了父母的话，所以，虽然我莽撞地和这种毒物打过交道，但一直都没出什么事。

我继续到山毛榉树林那儿去。我得找出规律，这样才能容易记住，这就促使我发明了一种分类法。最后我把自己发现的蘑菇归成三类。第一类最多，这类蘑菇的底部带有环状叶片；第二类的底面衬着一层厚垫，上面有许多不容易发现的洞眼；第三类有个像猫舌头上的乳突那样的小尖头。很久以后，我得到了一些小册子，我从那上面得知我归纳的三种类型早就有人知道了，而且还有拉丁语名称。但我并没有因此而失去兴致。拉丁文名称为我提供了最初的法文和拉丁文互译练习，这使蘑菇变得高贵起来；这种教区牧师做弥撒时所用的语言，也给蘑菇笼罩上了一道光辉，它在我心目中的形象高大起来。看来它真的很重要，人们才给它取名字。这些书上还写着，那种曾经以冒烟的烟囱引发我好奇心的蘑菇，名叫狼屁。这个名称听着挺粗俗的，使我不太满意。旁边还写着一个体面一些的拉丁文名称，"丽高释东"，但这也不过是一种表面现象，因为有一天我根据拉丁语词根才弄明白，原来"丽高释东"正是狼屁的意思。植物志里总是保存着大量并不总是适宜翻译的名称。古代遗留下来的东西没有我们今天的那么严谨，而植物学往往不顾及文明道德，保留了粗俗直接的表达方式。

那段美好的童年时光，对有关蘑菇的知识充满特别的好奇心的岁月，现在已经离我多么遥远了啊！贺拉斯曾感叹，时光飞逝啊！确实，岁月在飞快地流逝，尤其是当快到尽头时。它曾经是快活的溪流，悠然地穿过柳林，顺着几乎察觉不到的坡面流淌着，而今却成了裹挟着无数残骸、奔向深渊的急流骇浪。光阴稍纵即逝，还是好好珍惜利用吧。当夜幕降临时，樵夫急急忙忙地捆好最后几捆柴火。同样，已经垂垂老矣的我，作为知识森林中一名普通的樵夫，也想着要把粗柴捆整理好。在对昆虫的本能所做的研究中，我还有哪些工作要做呢？看起来没有什么大事，最多也不过剩下几个已经打开的窗口。窗口所指的那个世界值得我们给予充分的重视，它正等待着我们去开发。

我自童年起就青睐有加的蘑菇，它们的命运将更为糟糕。我至今依然和它们保持着联系，从来没有断交过。在晴朗的秋日下午，我拖着沉重的步伐去看望它们。那些从红色的欧石楠地毯上冒出来的大脑袋牛肝菌、柱形伞菌和一簇簇红色的珊瑚菌，我总是怎么看也看不够。寒里昂是我的最后一站，那里的蘑菇争奇斗艳，令我应接不暇。周围长着茂盛的圣栎、野草莓树和迷迭香的山上遍地都是蘑菇。这些年，那么多的蘑菇使我异想天开，我要把那些无法按原样保存在标本集里的蘑菇，绘成模拟图收集起来。我把附近山坡上各种各样的蘑菇开始按照实际的尺寸绘制下来。我不懂水彩画的技法，不过无所谓，不曾学过的事，也可以摸索着去做。开始可能做不好，但慢慢就会顺利起来。与每天爬格子写散文那份费神工作相比，画画肯定能让人轻松愉快一些。

最后，我终于完成了几百幅蘑菇图。画上的蘑菇，不论是尺寸还是颜色都和真的没有多大差异。如果说我的收藏在艺术表现手法上尚有不足，但它至少是真实的，因此具有一定的价值。一些参观者纷纷慕名前来，每到周日就有人前来观赏，都是些乡亲。他们单纯地看着这些画，不敢相信不用模子和圆规，仅仅用手也能画出这么美丽的图画来。他们一眼就认出了我画的是什么蘑菇，还能说出它们的俗名，这充分说明我画得栩栩如生。

但这么一大摞花费了那么多精力才得来的水彩画，将来又会面临怎样的命运呢？也许刚开始的时候，我的家人会小心地珍藏我的这份遗物，但是迟早有一天，它会变成他们的负担，从一个柜子移到另一个柜子里，从一个阁楼搬到另一个阁楼上，而且总有老鼠前来光顾，然后渐渐粘上污渍。最后，它会落入一个远房外孙的手中。那孩子会将图画裁成方纸，然后折成纸鸡。这是不可避免的。那些我们抱着幻想、以最挚爱的方式珍惜爱抚过的东西，最终在现实面前，很可能会遭到无情的蹂躏。

第三章
登 上 万 杜 山

在普罗旺斯一个与世隔绝的地方，坐落着一座对我来说非常重要的山——万杜山。那是一个不毛之地，四面都受到各种大气因素的影响，万杜山就矗立在这种环境之中。它高耸突兀，是阿尔卑斯和比利牛斯山之间最高的山峰，生长着各种依气候分布的植物种类，可以供人们十分清楚地进行研究。山顶上覆盖着层层白雪，生长着来自于极地海滩的北方花朵。山路上生长着茂密的橄榄树和各种灌木植物，它们需要像南方那样强烈阳光的照射才能茁壮成长。从山脚一路走到山顶，你能看到地球上各个地方的植被带，这就相当于一次在统一子午线上开始的从赤道到两极的长途旅行。在山麓，生长着一簇簇芳香四溢的百里香，它们如此旺盛，覆满了山地的平原和山丘，像地毯一般无限延伸；再走几个小时，你能找到长着对生叶的虎耳草，这是7月份在斯匹茨卑尔根海边登陆的植物学家最想见到的东西，它们就软软地待在你的脚下，像一块暗色的小垫子。在海拔比较低的地方，你可以在篱笆下采撷石榴树猩红色的花朵；在海拔较高处，你可以采摘小小的毛茸茸的虞美人，它开着黄色阔瓣的花，异常美丽。这样鲜明的景物对比，是不是很有趣呢？

我已经登过 25 次万杜山了，但这对我来说还远远不够。我对这座山还有着许多的新鲜感和好奇心。起先还有很多朋友愿意陪我来爬山，一起走走，看看山上的风光，享受一下日出带来的满足感，但后来再也没有人愿意陪我一起来了，因为这实在是一段艰苦的旅程。从你踏上那碎石嶙峋的山路时，登山便开始了。万杜山就像是一座海拔 2000 米的碎石堆，有时是小石块，有时是大岩石，它们耸立在没有斜坡也没有一级台阶的平原上，使得登山变得异常困难。而且这里根本没有什么清新的草地、欢快的小溪、长着青苔的岩石或百年老树的巨大树荫，这里只有绵延无尽的石灰岩。那碎石组成的瀑布还时时发出坍塌的声音，震得人心跳加速。

　　如果有人打算登万杜山做植物学的考察，我建议他不要在星期天的傍晚到达山下的小镇贝都安。因为在星期天晚上，这里总是人来人往，一片杂乱的景象。人潮的吵闹声和没完没了的高谈阔论声是主旋律，弹子房弹子的碰撞声和杯盏交错的叮当声当作伴奏，酒后的低唱和路人的夜歌充当配乐，旁边酒吧管弦乐的喧闹也掺和进来，让平静的夜晚变得喧嚣异常，连睡觉都困难。得不到充足休息的人，又怎么会有精力攀登这座艰险的山峰呢！

　　我在贝都安跟向导交涉好，商定了出发时间，讨论并准备了食物。但遗憾的是，喧闹的夜晚弄得我疲惫不堪，根本不能好好休息。我辗转反侧了一夜，等到天空泛白，就干脆起床收拾行装了。早上四五点，向导就带着我们上路了，他牵着骡子和驴子走在队伍的最前面，我的植物学同事们走在后面，边走边观察路边的植物。我随队伍走着，肩膀上挂着晴雨计，手上拿着笔记本和铅笔。

再往上走，温度变得越来越低，绿色的橄榄树和橡树慢慢从视野里消失了，然后是葡萄和杏树，再之后是桑树、核桃树、白栎树。我们接着走进了一片十分单调的地区，那里只有漫山遍野的黄杨，除此之外没有任何农作物，主要的植被就是一些高山的风轮菜。风轮菜的细叶里充满了香精油，味道有点苦涩，是一种味道很冲的香料，洒在小乳酪上吃味道很是美妙。在我们都饥肠辘辘的时候，一些生长在乱石中的铁矢状叶子的小酸模映入了我们的眼帘。我们蜂拥而上争着去采摘这自然赋予的美味。

咀嚼着酸酸的叶子，我们兴致勃勃地继续前进，来到了山毛榉生长的地带。最先见到的是些藤蔓曳地的灌木，稀稀落落地散布在山坡上；很快又见到一棵棵挨在一起的小矮树，最后见到的是枝干粗壮、浓密而阴暗的灌木林。这片树林十分广阔，至少要走一个小时才能完全穿越过去，从远处看，这林带就像一条又黑又长的带子围在了万杜山的山腰上。山毛榉冬天积雪压枝，一年四季都遭受着密斯托拉风凶猛的吹打，许多树枝都断了，树身弯曲成奇怪的形状，甚至还会直接躺倒在地上。这时我们也坚持不下去了，必须选个好地方来吃午饭、好好休息一下了。

我们选择了拉格拉斯泉边作为我们的小憩之地。山毛榉树搭成的长凹槽里，引来了一股从地下冒出来的涓涓泉水，山里的牧羊人都把羊赶到这里来喝水。泉水的温度凉得不可想象，大约只有7摄氏度，这对我们这些每天围坐在火炉旁边的人来说简直是无法忍受的。所幸这里的景色还是很美的，真的是个野餐的好地方。那一泓清泉流淌在阿尔卑斯山植物铺成的地毯上，长着欧百里香叶子的指甲草闪闪发光，它那宽大而细薄的花蕾就像银色的鳞片，一层一层地铺在上面。我们把食物从鞍囊里拿出来，把酒从稻草层中取出。涂着蒜汁的羊后腿和面包被随意地堆在了一起，淡而无味的小鸡放在另外一边，留着一会儿当零食打发时间。万杜乳酪、驴梨小乳酪、阿尔红香肠，还有各种橄榄和卡瓦翁的西瓜，看看吧，我们的食物是多么丰富啊！对了，我们还带了鳀鱼罐头和撒着调料的小牛腿，还有很多装在不易破碎的器皿里的啤酒。我们把啤酒放在了泉水中，这样等我们饱餐一顿后就能尽情享受凉爽的冰镇啤酒了。

　　我的植物学同事中有两个巴黎人，一开始他们还对这些食物很惊讶，可不一会儿，他们就露出了赞赏的表情，狼吞虎咽地大吃了起来。这可真是人生中难忘的一餐。你看这几个人都露出了饥不择食的样子，一块块地扯着羊的后腿，一片片地咬着面包，把所有的食物都接连不断地塞到嘴里，那速度简直快得惊人。吃得越来越多，我的速度也逐渐降了下来，开始边吃边聊天。大家都对这些食物赞不绝口，一边称赞还一边享用着饭后的甜点——蘸着盐生吃的玉葱。等到所有人都撑得动不了了，我们便直接横躺在草地上，抽着烟斗和雪茄，晒着温暖的阳光。

好像只休息了不到一个小时，我们又上路了。行程是那么紧，我们必须继续向前走。向导带着行李向西边去了，他去了海拔1550米的地方，那里有一个石头砌成的羊棚，导游会在那里过夜，等我们从山顶回来再跟他会合。我们则继续爬山，从山脊一路爬到山顶，等到太阳下山后再从山顶下来。我们顺着刚刚爬过的斜坡向前走，一直走到了山坡尽头。那里峰壁笔直，状如阶梯，陡峭得惊人。同伴把一块摇摇晃晃的岩石轻轻一推，那岩石便顺着悬崖掉入深渊，还发出了可怕的轰响。

　　我在这里有了意外的发现。我看到了毛刺砂泥蜂这些老相识，它们藏在一块扁平的石头下，但却是以惊人的数量群聚在一起。要知道，这些小家伙平常总是孤苦伶仃的样子，我还从没见过几百只挤在一起的样子呢。就在我好奇地寻找原因时，一场大雨悄然而至，铺天盖地的阵雨立刻把我们包围了，天也变得格外阴暗，两步以外就什么都看不见了。糟糕，我最要好的朋友去山里寻找一种稀有植物岩生大戟去了，他可能已经走丢了。我用手掌做成话筒，在山里扯着嗓子拼命喊他的名字，可我的声音很快就被雨水的声音淹没了。我们便只能出发去寻找他。

　　为了不落下一个人，我们手牵着手在山里寻找着出路。不一会儿，我身上就已经被大雨浇透了，衣服水淋淋的，裤子贴在腿上就像一张不透气的羊皮，难受极了。我们兜兜转转，什么方向都辨不清了。面前有几条斜坡，那是我们唯一可以选择的道路，可是其中有的路通向悬崖，一不小心我们就会掉入深渊粉身碎骨，还有的路能直接通向我们想去的羊棚。我猜想，我的好朋友有可能利用最后一刻晴朗的天气跑回羊棚去了。

有的人建议我们今晚就待在这里，等雨停了再回去。但我敢打赌，这绝对是个糟糕透顶的主意。雨看样子会下很久，而我们又浑身湿透了，只要夜里温度稍微低一点，我们就全会冻死在山里。于是我们只好根据一路所观察到的来推测方向。带来雨的那片黑云是从南边飘来的，而我们应该从雨打来的方向下去；我摸了摸自己的衣服，发现左边比右边湿得厉害，这就证明我的推论没错，风向一直没有变。

我们再一次手拉着手上路了。如果幸运不眷顾我们，那我们就必死无疑了，但我们还是抱着冒险的心情开始了这一段探索。还没有走出二十步，我们的疑虑就完全消失了，因为我们已经踏踏实实地踩在了碎石地上面，而不是我们害怕的万丈深渊。为了看清脚下的路，我们必须弯着腰贴着地面向下走。雌雄异株的荨麻此时成了我们的唯一希望。在漆黑的环境里，我们只有靠它才有可能找到羊棚，因为它总是长在人们经常走过的地方。我边走边用手在空中摸索，每当手被刺了一下，就是碰到了荨麻。我们就用这种手部的疼痛弥补了眼睛的不足，并最终顺利到达了羊棚。

我的好朋友和向导早就在那里躲雨了，等我们赶到之后，就立即点起了熊熊烈火，换上了干衣服。大家又开始谈笑风生了。我们把山毛榉叶铺在地上，躺在上面过了一夜。偶尔有人睡不着，便会起来给炉子添一点火。可是这屋子根本没有通风口，所以满屋子烟雾缭绕，简直可以熏鱼了，又怎么能让人睡得舒服呢。因此不到凌晨 2 点的时候，我们就都起床了。

雨已经停了，满天的星斗闪闪发亮，空气也变得异常清新。我们要爬上最高的山顶去看日出了。因为疲劳，也因为早上的空气比较稀薄，我们很快便感到恶心、两腿无力、气喘吁吁，爬得非常非常慢，走几步就得休息一下。终于到了山顶，我们立刻就钻进了粗陋的圣女克努瓦小教堂，在那里喝了点小酒暖暖身子，来抵御彻夜刺骨的寒冷。

很快，太阳升起来了。万杜山三角形的影子投射到了天边，在阳光下泛着紫红色的光。西边和南边的平原在薄雾中延伸，罗讷河犹如一条银线躺在大地上。北面和东面，有一片白色棉花糖似的云层在我们脚下软绵绵地飘动着，低处的黑色山峰偶尔会从云层中穿出来，露出一个调皮的小山角。在阿尔卑斯山的那边，还有几座挂着冰川的山峰在阳光下闪闪发光。

此时正是 8 月，已经错过了很多植物的花季。如果你真的想来看看这神奇的花园，那你最好在 7 月上山，赶在羊群把植物吃掉以前好好地领略一下这里的神奇。那长着一根嫩红色花蕊的优雅可人的绒毛雄蕊白花，那开放在闪亮的石灰石上有着蓝色大花冠的塞尼山紫堇花，那天蓝色的可与蓝天媲美的阿尔卑斯勿忘草……所有的花上全都闪烁着早晨的露珠。美丽的白翅蝴蝶懒洋洋地在花丛中飞来飞去，这真是个自然博物馆啊！

这番景象只有你亲自来看过才能体会得到，我也就不赘述了。

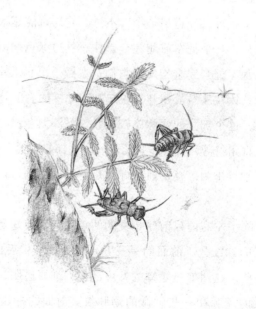

第 2 卷

第一章
蟋 蟀 的 歌 唱 和 交 配

似乎所有身怀绝技的人，都无须要求工具的昂贵和复杂。当博物学家看到蟋蟀展示的歌唱工具时，没想到这位出类拔萃的歌唱者，使用的乐器是这样简单，和螽斯的乐器有着相同的原理：有齿条的琴弓和振动膜。

蟋蟀两只前翅的结构完全相同，就像是人的左右手，了解了一个就可以知道另一个。不过，它的右前翅除了裹住体侧的褶皱外，几乎把左前翅完全遮住。这与绿色蝈蝈儿、白额螽斯和距螽等近亲完全相反，它们是左撇子，而蟋蟀是右撇子。那么，就让我从右前翅开始说起吧。蟋蟀的右前翅几乎完全贴在背上，这个部分的翅脉比较粗壮，呈深黑色；在侧面，它突然折成直角斜落，将身体紧紧裹住，这部分的翼上有细细的翅脉，斜着平行排列。整个前翅好像是一幅抽象画，让人猜不出画的主题。

除了左右两只前翅相交的两点之外，前翅是透明的，呈非常淡的棕红色。前面的呈三角形，大一些；后面的呈椭圆形，小一些。这两处是蟋蟀的发声部位，细薄透明，上面都有一条粗壮的翅脉和一些细微的翅脉纹。前面的一块镶嵌着四五条"人"字形的皱纹；后面的一块则画着弓形的弧线。

蟋蟀的这两个部位与螽斯的镜膜有些类似。蟋蟀的前部镜膜比较光滑，被歌唱者涂上了一抹橘红色。两条翅脉呈平行的曲线状，将前部镜膜与后面分隔开来；它们之中的一条翅脉，是精致的锯齿状，约有150个三棱柱状的锯齿，这就是蟋蟀的琴弓。两条翅脉之间有凹陷，其间排列着五六条黑色的横脉，让人想起楼梯的梯级。这些小小的梯级就是摩擦脉，左前翅的和右前翅的一模一样。摩擦脉在演奏中发挥着重要作用，它们增加了琴弓的接触点，从而加强了振动。

　　蟋蟀的乐器确实比白额螽斯的精巧得多：白额螽斯只有一个柔弱的镜膜；而蟋蟀的琴弓上雕刻着150个三棱柱锯齿，它们与左前翅的摩擦脉相啮合，四个扬琴同时弹奏，下面的两个直接靠摩擦发声，上面的两个由于摩擦脉的振动发音。白额螽斯是低吟浅唱，它的声音只有在几步远的地方才能听得到；但是蟋蟀的歌声十分洪亮，甚至在几百米远的地方也能听到它高亢的歌声。这让我想起了底气十足的美声歌唱家，无须辅助的扩音设备，就能让浑厚的声音响彻整个剧场。

　　在法国北方，蝉用嘶哑的歌声赢得了人们的赞誉；蟋蟀的歌声和蝉相比毫不逊色，甚至比蝉更胜一筹。蟋蟀的歌声更加清亮、更加细腻，蝉重复着"知了知了"的单调曲子，蟋蟀却懂得抑扬顿挫。它的前翅在侧面伸出，形成一个宽边。宽边放低或者抬高，就会改变与腹部接触的面积，从而使得声音的强度产生变化。蟋蟀就是利用这个制振器，调节声音的大小高低，时而放声高歌，时而低柔清唱。

蟋蟀的两只前翅一模一样，完全对称，但是我所见到的蟋蟀都是右撇子，用位于上方的右边的琴弓拉琴。而左边的琴弓似乎毫无用处，它没有放在任何东西上，不能和任何地方接触发音。

那么，会不会有聪明的蟋蟀交替使用这两把琴弓，用一把、歇一把，以此来延长演出的时间呢？或许，至少会有一种蟋蟀是例外的左撇子，用结构相同的左琴弓拉琴吧？然而，事实与我的猜测完全相反。我观察了许多的蟋蟀，它们都安分地遵循这条普遍的规则，没发现一个例外的左撇子。

我还是不明白，既然两只前翅完全对称，所需要的演奏工具和右前翅是完全一样的，那么，只要把原来位于下方的左前翅移到上方来，就能用它演奏出和右琴弓一样的曲调。既然蟋蟀自己没有发现这个问题，那么我就试试用人为的方法来帮助它们利用这把闲置的琴弓吧。

我设法将蟋蟀的左前翅挪到右前翅上面，我小心翼翼地拿着镊子，大气也不敢出，生怕手一哆嗦弄伤了我的实验对象。还好，我的耐心和小心帮助我顺利完成了任务，左前翅终于压在右前翅上面了，而且蟋蟀脆弱的胳膊没有脱臼，细嫩的翅膜也没有损伤，就好像它生来就是长成这样的，对于这次改造我非常满意。下面，就等待着整形后的蟋蟀用左琴弓拉出美妙的歌曲了。

然而，事情并没有朝我所期望的方向发展。蟋蟀刚开始的时候还比较平静，但是没过多久，就对整形手术产生排异反应，费劲地将翅膀扳回原位。我又反复地试了几次，但是，蟋蟀都不能够接受这样的改变，最后，面对蟋蟀的顽强坚持，我终于放弃了。

我想，也许是因为成年蟋蟀的翅膜已经僵硬，纹理已经形成，所以无法接受突然的改变；那么，如果我从翅膀发育的初始时期就对它进行改造呢？如果翅膀从一开始就按照左前翅在上、右前翅在下的样子自然生长，蟋蟀会不会顺应这样的形势，改用左琴弓弹奏呢？

于是，我找来了蟋蟀的幼虫，留心它的羽化，这是它再生的重要时刻。此时的歌唱家，它的乐器还是稚嫩的四个小薄片，又短又小，还开着叉。我严密地注视着它的变化，终于等到了蜕皮。我清楚地记得，五月初的一个上午，大概11点钟，一只幼虫褪去了它的旧衣，换上了一身栗红色的衣服，但前后翅是纯白色的。刚刚蜕皮的蟋蟀，翅膀又小又皱。后翅一直是退化的样子，前翅则开始慢慢展开、变大。起初，左右前翅还很小，没有相互接触到，是在一个平面上生长的；它们长得很慢，看不出谁要盖住谁。慢慢地，两只翅膀的边缘碰到了一起，眼看着右前翅就要盖住左前翅了，到了我不得不进行改造的时刻了。

为了保护这些稚嫩的薄翼，我抛弃了硬邦邦的镊子，选择一根草作为手术工具。我轻轻地将左前翅扳到右前翅的上面，但是小蟋蟀挣扎了一下，又给扳回了原位；我耐心地再一次将左前翅挪上来。这一次，它没有反抗，左前翅终于叠放在右前

翅的上面，尽管只盖住了不到一毫米。这次改造较上一次更加棘手，不过我还是成功了。

随后的时间里，正如我所期盼的那样，蟋蟀的翅膀按照这种颠倒的次序生长着，左前翅终于盖住了右前翅。下午5点左右，蟋蟀的翅膀由白色变成了正常的成虫颜色，前翅终于发育成熟了。蟋蟀在我的干预下成长为一个左撇子，第二天、第三天，事情没有任何变化，看来它没有不良反应，这次整形应该说是取得了圆满成功。我们就耐心等待着这位使用左琴弓的演奏者为我们拉出美妙的音乐吧！

第三天，新歌手初次登台，等待已久的时刻终于来临。我听到几声短促的咯吱声，像是错位的齿轮相互摩擦的声音。哦，没关系，这只是演奏者在试音，在调弦，我们再等等。然而，下面的情形让我彻底失望了。整形后的左撇子还是要用它的右琴弓，前翅在颠倒的状态下已经长硬了、成型了，它还是坚持要把右前翅掰上来，弄得胳膊都脱臼了。在经历一番痛苦的挣扎之后，它终于将前翅恢复到原位。

对此，我惭愧万分。我还欣喜地以为我创造出蟋蟀家族第一个左撇子演奏家，岂知将人为的推理和想象千方百计地强加给动物，最终也不能变成现实。我的那点技术和阴谋，终究抵不过蟋蟀的本能和坚强。正如我们人类大多数是右利手，不过牛顿、富兰克林、居里夫人，他们都是左利手的最佳代表。如果，除了罕见的例子外，左手能像右手一样灵活有力，那该多好啊！

可是，通过对蟋蟀的观察研究，我们得知，左边在平衡方面有一个天生的缺点，这个缺点永远无法消失，只能通过后天的训练和饲育得到一定程度的修正。所以，就算我从一开始就改变了蟋蟀前翅的叠放顺序，在它演奏的时候，还是会不顾一切地将它们扳回原位。至于左边这种天生弱势的原因，要求助于胚胎学才能弄明白。

无论如何，蟋蟀还是将左琴弓闲置不用，那么，这把与右琴弓同样精巧的齿条，存在的意义又是什么呢？除了寻求对称性，我实在想不出更好的理由了。然而，这个似是而非的理由明显是经不起推敲的。蟋蟀的近亲白额螽斯、蝈蝈儿，有的只有琴弓，有的只有镜膜，倘若它们高举前翅问道："为什么我的亲戚蟋蟀有对称性，而我们螽斯都没有呢？"面对这样的质疑，我找不到合适的回答，我那原本就摇摇欲坠的理论大厦，被这小小昆虫的前翅轻轻一碰，就顷刻崩塌。

我们还是不要纠缠于左前翅的问题了，来听听蟋蟀的精彩演奏吧！它总是走出家门，在自家门口，一边沐浴着温暖的阳光，一边架起琴弓开始长久的演奏。它的琴弓发出"克利克利"的清脆声，这音乐既柔和又响亮，既圆浑又充满律动。就这样，整个春天的闲暇时光，都被这些美妙的音符染上了快乐的色调。

蟋蟀刚开始是为了自己而拉起琴弓，是为了歌唱自己的幸福生活。在它的音乐中，流淌着柔美的阳光，闪耀着甜美的露珠；它用音乐赞颂太阳的永恒，感谢大地的慷慨；每一棵青草、每一个平静的隐蔽所，都能成为它音乐的主题。当然，它也经常演唱情歌，那是献给它喜欢的女邻居的动人歌声，歌者用音符来谱写爱意。

可惜，想要在田野中、在非囚禁的状态下观察蟋蟀的婚礼，难度非常大。这种昆虫不仅深居简出，而且十分胆小。我之前的每次尝试都是白费力气。看来，我还要耐心地等待机会，等待命运女神向坚持不懈者微笑。现在，我们只好仔细观察笼子中的蟋蟀了。

蟋蟀都喜欢待在自己家里，蟋蟀先生和蟋蟀小姐不住在一起。那么，婚礼要到谁的家中举办呢？如果说，蟋蟀先生的歌声是它们双方唯一的联络方式，那么，应该是不出声的女友循着声音前往唱歌的男友家中。不过，事实恰恰相反。我根据自己的推测以及网罩中蟋蟀的现实行为，猜想雄蟋蟀很有可能有一套独特的方法，用来找寻默不作声的女友的家。

那么，雄蟋蟀又是何时出发的呢？胆小的它选择在夜幕降临时悄悄启程。然而，这种夜间出行对它来说艰险万分。它平时足不出户，唱歌也只是在自己家门口，可以说，它对外面的世界一无所知，没有任何旅行经验的它基本上是个路痴。尽管路途只有二十步，对于它来说无异于长途跋涉；在千辛万苦找到女友的家之后，它要怎么回来呢？

这位夜间旅行者的命运真是令人担忧啊！它很有可能找不到自己的家了；而且，完成了人生大事之后，它也没有力气再给自己挖一个新的洞穴了。它会流离失所，四处流浪。如果不是在网罩中，而是在田野里，筋疲力尽的它多半会成为夜间巡查的蟾蜍的夜宵。

不过，即使面临着这么大的危险，雄蟋蟀还是义无反顾地前往女友的家，在伸手不见五指的黑夜中，翻山越岭，来到女友家门口的空地上，去完成它传宗接代的任务。

虽然我们现在所了解的资料，只有网罩中发生的那点现实情况和对田野中发生的事的推测，但还是简要叙述出了事情的全部过程。我在一个网罩里放了好几对蟋蟀，它们相处和睦，四处溜达，好像没有建造永久住所的计划，只是蜷缩在一片生菜叶下面。

不过，邻里之间的和睦很快被求偶期的争风吃醋取代，情敌之间经常发生激烈的争吵。它们面对着面，脸上似乎都带着妒忌的神情，或许不久之前它们还是一起歌唱的好兄弟，然而现在，它们将要为了爱情而大打出手。它们扭打在一起，互相咬住对方的头。战斗结束后，失败者灰溜溜地逃跑，而胜利者则引吭高歌，洋洋得意地炫耀自己的战绩，然后又跑到女友身边，轻声唱起情意绵绵的曲调。

它描眉画眼，以取悦女友，它把一根触角拉到大颚下，卷曲起来，用唾液涂上美容剂。它还用肢体语言不断向女方示好，它那镶嵌着红色饰带的长后腿向空中猛踢。它太激动了，尽管琴弓还在迅速拉着，可是却发不出声来，或者只是一阵没头没尾的摩擦声。

然而，这激动人心的表白并没有打动它的爱人。雌蟋蟀故作矜持地跑开了。两千年前的牧歌这样唱道："它向草丛逃去，一面窥视着求婚者。"两千年后的雌蟋蟀，竟然还是使用一模一样的恋爱宝典啊！

雄蟋蟀没有就此放弃，似乎它看出了女友芳心已动。它又开始了歌唱，歌声时而灵动，时而舒缓，时而有片刻静默的间歇。女友终于被这动情的歌声感动了，它从草丛中走出来，向着它的男友走去。男友也迎上来，它掉过头，转身趴在地上，倒退着朝后爬。经过了多次尝试，它终于以这种奇怪的姿势钻到了雌蟋蟀的身下，交配完成了。雄蟋蟀身体中涌出一个细粒，明年它将变成这对夫妻的后代。

接下来就是产卵了，这对夫妻住在了一起，却没有开始幸福美满的生活，家庭暴力一发不可收拾。父亲被母亲打得肢残腿断，曾经为它演奏情歌的琴弓也没能幸免，被撕得破破烂烂。昨日还是亲爱的伴侣，现在却成了讨厌的家伙。可怜的雄蟋蟀，几乎快被它的妻子吃光了。如果不是在封闭的网罩里，而是在开阔的田野中，估计它就要逃命了。

母亲在交配后对父亲这种凶残的虐待，我们在蝈蝈儿和白额螽斯身上都见过。这些古老习性残存的代表告诉我们：母亲才是生命活动的主角，是真正的繁衍者和劳动者；父亲这个次要角色，只要完成了交配任务就该早早退出舞台。

不过，就算幸运的雄蟋蟀能够从妻子的屠刀下逃脱，勉强保住一条小命，也还是躲不过命运早已安排好的终结。7月，我网罩中的囚犯就全部死掉了。它们在与女友的快乐中，热情地消耗自己储存的精力，短暂的欢愉之后是生命的干涸，是死期的临近。

如果雄蟋蟀被单独囚禁起来，事情就完全不同了。它们是单身，它们没有因为片刻的欢愉而过度消耗精力。虽然它们没有完成雄蟋蟀的人生大事，但是它们都非常长寿。普罗旺斯以及整个南方的小孩子都喜欢把蟋蟀放在小铁丝笼子里饲养，这些被迫的单身蟋蟀就这样一直欢快地歌唱着，一直到草地上的伙伴们都永久地静默了，它们还在唱着。它们一直活到9月，多活了三个月，成年之后的生命延长了一倍。

在这里，我插一些题外话，虽然与主题关联不大，却也十分必要。有人说，热爱音乐的希腊人把蝉养在笼子里，听它们歌唱。我想说，它们养的一定不是蝉，却很有可能是蟋蟀。

首先，用笼子养蝉是不太可能的，除非里面有一棵梧桐树或是橄榄树；而且，蝉喜欢高飞，将它放置于一个狭小封闭的空间里，它会厌倦郁结而死的。其次，蝉的歌声十分沙哑，对耳朵来说，长时间听这种刺耳的鸣叫无异于自找罪受；拥有娇嫩耳朵的希腊人，会喜欢这样的歌声吗？

或许，就像人们把绿色蝈蝈儿和蝉混淆一样，希腊人将蟋蟀误认为蝉了。蟋蟀深居简出，对生活空间几乎没什么要求，天生就能适应被囚禁于笼中的生活。只要每天给它生菜叶吃，它就会高高兴兴地当囚犯，还会尽情地演唱田野的欢歌。

我家附近还有三种蟋蟀，我对它们的研究不是很深入，也没有得到什么特别的结论。它们都居无定所，四处漂泊，今天住在土地的裂缝里，明天可能就躲在一堆枯草下；当然，它们似乎也不打算要建造一个永久的居所。它们使用的乐器和田野蟋蟀基本一样，只有细微的差别；歌声也是一样，只不过声音的大小不同而已。

　　这些蟋蟀中体型最为小巧的是波尔多蟋蟀，它的歌声是如此细微，以至于我耳朵的老骨膜要非常努力，才能够捕捉得到。但是，音量的大小丝毫不影响它的演奏，它毫不吝啬地敞开歌喉，在我家门前的黄杨树下歌唱。

　　虽然，我所居住的地区没有家蟋蟀，不能在厨房的地板缝隙里听到蟋蟀的鸣唱；不过没关系，只要你在夏夜走进田野，就能欣赏到它们演奏的交响乐。春天，田野蟋蟀迎着阳光拉起了琴弓；夏天，树蟋在静谧的星空下尽情歌唱。春日的暖阳和夏夜的恬静，它们平分这美好的季节；当田野蟋蟀收起琴弓、退下舞台，树蟋就弹奏起小夜曲。

　　树蟋又叫意大利蟋蟀，它细细瘦瘦，苍白纤弱，全无蟋蟀类所特有的笨重体形；一对大翅膀薄得让人担心，好像一口气就会被吹破。它喜欢住在高一点的地方，迷迭香、小灌木和长得高高的草，它就在这些植物上面漂泊，很少到地上来。

　　树蟋热爱炎热的夏夜，它是不知疲倦的夜晚歌唱家，从 7 月到 10 月，从日暮时分到深夜，它一直唱着优美的小夜曲。它的交响乐团遍布田野，我们这里的每个人几乎都听到过它的音乐。然而，人们对这种习性神秘的蟋蟀知之甚少，还以为这幽雅柔美的抒情歌曲是普通蟋蟀唱的呢！其实，普通蟋蟀这时候还没长大，还不会唱歌呢。

请凝神细听，树蟋的音乐是"克里－依－依""克里－依－依"的声音，歌声轻柔舒缓，还带有轻微的颤音，像是温柔地拉着小提琴。爱好音乐的人可以从这音乐声中推断出，这位歌者的振动膜十分宽阔而细薄。它的歌声清朗而甜美，是田野合唱队出类拔萃的歌者。我有多少个迷人的仲夏夜啊，是躺在荒石园中，在它们优美的音乐中度过的。

树蟋敏感胆小，还精通腹语，想要拜访它并非易事。如果草丛里没有什么声响，它就安心地唱歌；但是哪怕有一丁点儿的风吹草动，它就改用腹语唱歌。刚才还听到它在你身旁鸣唱；突然，它的声音又从另一边传来；当你蹑手蹑脚地走到那里时，声音又从原来的地方想起；可是似乎也不对，声音的方位忽左忽右，甚至有时从后面传来。单凭听觉去找到它真是太难了！我拎着提灯，屏住呼吸，小心翼翼，才幸运地抓到了几只。我把它们关进网罩里，现在，我终于能够近距离地观察这些神秘的歌唱者了。

树蟋的乐器十分精致，两只前翅都十分宽大，是呈半透明状的薄膜，薄得就像是包糖果用的糯米纸，整块糯米纸都能够振动。前翅下部浑圆，曲线优美。翅面上有三条翅脉，一条较长的纵脉斜着镶嵌在上面，两条横脉与之垂直相交，呈"丁"字形。当树蟋休息时，翅缘便裹住身体的两侧。

和田野蟋蟀一样，树蟋的前翅也是右前翅压在左前翅上。在靠近臀角的部分有一块厚茧，从那儿辐射出五条翅脉，两条朝上，两条朝下，第五条差不多是横向的，略成棕红色，这些翅脉上还横向排列着细小的锯齿，这就是树蟋的琴弓。前翅的其他地方还有另外几条相对较细的翅脉，这些翅脉不参与摩擦活动，只是把薄膜绷紧。左前翅的结构与右前翅的一样，只有细微的差别：左边的琴弓、厚茧和厚茧辐射出来的翅脉，是位于上部的。

左琴弓和右琴弓彼此倾斜交叉，当树蟋唱出最洪亮的歌声时，两把琴弓都高高竖起，彼此只是内缘相接触。这时，一把琴弓斜着与另一把琴弓相啮合，相互摩擦着，使绷紧的两片薄膜振动，发出声音。

那么它又是怎样巧妙地使用这两把琴弓，制造出声音的幻觉，来迷惑我们的耳朵呢？首先，它可以发出不同的声音，每把琴弓在另一个前翅的厚茧上摩擦是一种声音，在四条光滑的辐射翅脉上摩擦又是另一种声音了。这样一来，我们根据听觉的判断，就认为歌声似乎不是在原来的地方，而是突然将位置变换到了别处。

其次，它还善于改变声音的强弱高低，进而误导耳朵对歌声距离远近的判断。它想要高声歌唱时，就将前翅完全竖起；它想要压低声音时，就把前翅多多少少放下些。当前翅放下时，外缘也不同程度地压在它柔软的侧部，振动部分的面积相应缩小，声音也因此减弱了。

田野蟋蟀及其同属的歌者，也懂得这种调节音量的方法；可是，在声音的迷惑性方面，没有哪位歌者能够超过意大利蟋蟀。我们的乐器中有制振器，也有弱音器；但是，意大利蟋蟀的乐器结构更简单、效果也不错，完全可以和我们的乐器相媲美，甚至比我们的更好。

　　这位精通音乐的演奏家，只要感到一点风吹草动、感到一点不安，它就把振动片的边缘放在柔软的腹部，声音忽远忽近，让想要抓它的人迷惑不解，不知道它到底躲在什么地方。只要你以一个倾听者的身份，而不是捕猎者的角色，静静地不打扰它的演唱，它清脆的音乐就会一直在迷迭香丛中回响。

　　夏天，我喜欢在夜深人静的时候，来到荒石园，躺在草地上。不是为了看头顶星光熠熠的银河，而是为了听蟋蟀们的歌唱。在这里，我忘记了尘世的喧嚣，也忘记了生活的烦恼，整个身心都沉醉在蟋蟀们动听的交响乐中。这是一个阵容多么庞大的交响乐团啊！那些开着红花的岩蔷薇，那些枝叶摇动的野草莓树，都是它们的舞台；每一簇迷迭香上都有自己的小提琴手，每一束薰衣草上都有自己的抒情歌者。

　　这些田野中的小生命啊，它们忘情地歌唱着自己的欢乐；我徜徉在这生命的合唱里，甚至忘记了头顶那条璀璨的银河。天上的星星看着我们，但是目光中没有生命的悸动；它们光彩熠熠，却没有生命的色彩；它们辽阔宽广，却没有滋养生命的土壤。生命的快乐，它们感受不到；生命的苦痛，它们也无从知晓。

科学会告诉我们星星们的秘密，科学会告诉我们它们为什么闪闪发光，是凭借自己的力量，还是靠着太阳的恩惠；科学会告诉我们它们的运行轨迹和行动速度，帮助我们测算出它们在多少年后的几时几分离地球最近；科学会告诉我们它们的体积和质量，是比地球大还是比地球小……但是，在这些用仪器和数字探寻出来的秘密里，却唯独没有一个与生命相关。也正是因为如此，才不能拨动我们的心弦。

可是，这些在仲夏夜里陪伴我的小生命啊，这些为生命而欢呼的歌手啊，是你们让我懂得了太阳照耀的意义，是你们让我触摸到了苍茫大地的灵魂，这就是生命。在我心里，那些遥远的庞大星球啊，永远也不会比草叶上一只小小的蟋蟀更能打动我。

第二章
蝗 虫 的 角 色 和 发 音 器

蝗虫如同扇子般突然展开的蓝色翅膀、红色翅膀；在我们的手心乱蹦乱踢的天蓝色，或者玫瑰红的带锯齿的长腿——我的那些孩子们在梦里见到的大概就是这些可爱有趣的小昆虫吧。与他们借助魔灯看到的东西一样，我也常在梦中与它们相遇。它们带来的无邪与天真，时刻抚慰着孩子们和老年人柔软的内心。

捕捉蝗虫，可以被视作一种没有多大威胁，男女老幼皆宜的狩猎活动。蝗虫就是这样给我们带来了无比愉快的上午。我的助手能轻易地抓住那些老迈的蝗虫，然后与我在被太阳晒硬的草地上漫步，这种感觉是多么美妙啊！

身手敏捷的小保尔，具有一双极具观察力的眼睛。当他要捕捉蝗虫时，会先在灌木丛中仔细查看，这时候，被他惊到的灰蝗虫会像小鸟一样从那里飞出来。作为捕猎者，小保尔会拼命地追上去，随即失望地停下来——蝗虫已经逃之夭夭了，有了这次的经验，下一次他无疑会成为一个幸运的捕猎者。

玛丽·波利娜，年龄比小保尔更小些。与细心观察意大利蝗虫相比，背部有四条白色斜线，看上去像极了圣安德烈十字架的另一种蝗虫让这个小姑娘更为着迷。

这种蝗虫披着缀有几个铜绿色碎片的外衣，那模样如同各代的胸章。可爱的玛丽用她的耐心，一点点靠近那个蝗虫，随着手的落下，终于逮到了。蝗虫一个个被装进纸袋里，以至于还没到太阳变得炽热，我们已收获了种类繁多的蝗虫。

我将这些小个子家伙养在网罩里，它们可能会透露有关它们世界的一些秘密，如果我善于发问的话——在野地里，你们扮演什么角色？这是我对我的俘虏提出的第一个问题。教科书告诉我们，你们是害虫，声名狼藉，可是否因此就该受到人类的指责呢？对此我充满了怀疑。不过，那些给亚洲和非洲造成巨大灾害的毁灭者不在此列。

你们的好处远甚于坏处，至少我这么认为。你们从没有给这个地区造成过伤害，这里的农民也没有对你们产生抱怨。绵羊不吃长着芒刺的植物，你们吃了，农作物中间那些让人讨厌的杂草也是你们热衷的食物。此外，长不出果实的东西，被其他动物抛弃，而你们却喜欢得不得了。事实上，当人们收割完麦子后，你们才现身，就算你们在菜园子里偷吃了几片生菜叶，那也不是什么不能宽恕的弥天大罪。

鼠目寸光之人，为了他那几个可怜的李子，将宇宙固有的秩序打乱，任用这样的人去处理昆虫，最终得到的只有毁灭。还好，他没有这种权力。我们可以观察一番，假如那些只对蔬菜地造成微不足道破坏的蝗虫彻底消失，会给我们造成怎样的后果。

九十月间，孩子们赶着火鸡群来到收割后的田里。火鸡走过的地方，光秃秃一片，放眼望去，也就只有一簇矢车菊长着最后的几个绒球。可是孩子们还是把火鸡赶到了这里，这些饿得咕咕叫的火鸡要干什么呢？答案是，这里是火鸡们的饲料场。它们要在这里被喂得肥壮，以便到了圣诞节成为餐桌上的一道美味。那么，火鸡的饲料是什么呢？是蝗虫。人们在圣诞之夜吃的味道可口的烤火鸡，很大一部分就是靠上天赐予的、不用花费一分一文的蝗虫喂养成熟的。

在农场周围转悠的珠鸡，毫无疑问，它们在寻找麦粒，但是请注意，它们首先关注的却是蝗虫。美味的蝗虫使得珠鸡的腋下长出一层脂肪，从而使肉质更为鲜美。爱吃蝗虫的还有母鸡，它对这种昆虫能促使自己产更多的蛋这一作用非常了解。如果将它放出鸡笼，它要做的第一件事就是领着小鸡去完成收割的麦田里，寻找营养价值极高的蝗虫。

如果你对法国南部丘陵地区的著名特产红胸斑山鹑情有独钟的话，恰好你又是一名猎人，当你熟练地将打下来的山鹑的嗉囊剖开，你就能找到这种长期被人污蔑的昆虫为别的动物做出贡献的证明。你会发现，十只山鹑中，有九只的嗉囊都装满了蝗虫。如果它们能长年尝到蝗虫的美味，对于植物籽粒的印象将会消失殆尽。普罗旺斯的白尾鸟是图塞内尔热情善于歌唱的黑脚族飞鸟中最为著名的一种。为了对这种鸟类的摄食习性进行了解，我捕捉到了一只，并将它的嗉囊和胃里残存的东西详细记录下来，从而得知了这种鸟类的食物，包括排在最前列的蝗虫，其次是象虫、砂潜、叶甲、龟甲、步甲这样的鞘翅目昆虫。

这种鸟类，我们可以称其为食虫鸟，它对野味从不挑剔，吃浆果是实在找不到可吃食物之后无可奈何的选择。在我48例的记录中，只有3例是吃植物的，而蝗虫是它们最常吃、吃得也最多的昆虫。除了白尾鸟，一些小候鸟的口味也是如此。蝗虫是这些小候鸟最无法舍弃的美味。在荒地里，它们总是争先恐后地捕捉自己的猎物，从而为自己的长途旅行做好能量储备。

除了动物，人也吞食蝗虫。在多玛将军提到的《大沙漠》里，有着这样的记载：

蝗虫是人和骆驼的可口食物。将它的头、翅膀以及腿去掉，就可以和古斯古斯放在一起用火烤着吃。

把蝗虫晒干、碾碎，以牛奶拌匀，也可以和上面粉，之后加上盐，用油脂或者是牛油来炸。

骆驼特别爱吃蝗虫，在给骆驼准备食物的时候，我们先是把蝗虫放到炭火上烤，烤干然后炒好。

玛利亚曾祈求主赠予她一块无血的肉，主给她的是蝗虫。

一些人以蝗虫为礼物送给先知的妻子们，她们将蝗虫转送给其他女人。

由这些事例可以得知，主把蝗虫当作礼物恩赐给人类。

我不曾像这位学者一样，踏足过那么多的地方。如果人类想吃蝗虫，势必需要非常强健的胃，这样的胃并不是每个人都拥有的。我能确定的是，蝗虫是上天赠予诸多鸟类的食物。鸟类之外，对蝗虫格外倾心的还有爬行动物。令小女孩感到害怕的眼状斑蜥蜴挺着的大肚子就是一个极好的例证。我还多次看到墙上的小壁虎嘴里含着费尽心思才捕捉到的蝗虫的残骸。如果能有幸捕捉到蝗虫，鱼类也会感到高兴，不过，对于鱼类来说，蝗虫有时也是致命的，因为垂钓者经常以这种昆虫作为美味的诱饵。

好了，已不用我再多举喜欢吃蝗虫的还有哪些动物，它的重要作用已被我所熟知。它能变废为宝，以曲径通幽的方式，让对食物极为挑剔的人类也能享用。不过有一点我还不能肯定，那就是人类是不是不喜欢直接食用蝗虫？

我熟悉野蜜，石蜂的蜜罐里也可以找到这种野蜜，它完全可以食用，这样的话，我不免要问，那沙漠中的昆虫是否可以食用？就像所有的孩子那样，儿时，我也曾生吃过蝗虫的腿，那味道在我看来还是不错的。如今我们的生活有了提升，但我们不妨重温一下这道菜肴。

在肥大的蝗虫身上裹上奶油，撒上盐，再煎一煎。这就是一家的晚餐。大家认为这味道远比亚里士多德吹嘘的蝉可口多了。虽然可食用的肉极少，却有一股虾的味道，如果说它味道鲜美，一点都不过分，不过对我来说，不会再有这样的经历了。这道菜肴更适合大颚粗壮的黑人享用，或者胃口极好的人。不过就算我们的胃脆弱娇嫩，也丝毫无损于蝗虫的优点。生活在草地上的这些家伙，在专门制造食物的工厂里扮演着重要的角色。在旷野中，它们大量繁殖，而后将无用之物变为有用之物，提供给众多消费者享用，鸟是其中的一类消费者，而人类又多食用鸟类。肚子饿了就需要吃东西，这是不能讨价还价的，这也正是在生物界，为什么说获取食物是第一要紧的事情。也正因为动物们将自己最杰出的智慧、技巧、诡计用在了争夺餐厅的席位上，使得原本应该充满欢声笑语的宴会成了一种难以忍受的酷刑。即便如此，人类并没有完全摆脱饥饿的折磨，相反地，却是经常性地品尝饥饿的滋味。

不过，科学使我们相信，人类总有一天能够摆脱饥饿。化学承诺，不久以后这个问题即可告终结，它的姐妹物理特意为此开辟出一条新的道路。让太阳更为有效地履行它的职责，这是物理学要做的事情，以为让葡萄长满琼浆，在麦穗上涂满金色，太阳与我们的账就算清了。物理学要做的就是将太阳光收集并储存起来，我们想何时用就何时用。

这些被收集并储存起来的能量有诸多用处，比如生炉子、转动齿轮、将果实捣碎、让磨自动运转。就这样，由于四季的变换而辛劳费力的农业劳作，将会变为与工厂劳动一样的作业方式，这样做的好处就是，不用费多大的力气与资金，却能收获比平日多得多的效益。在这方面，化学也会发挥其诸多令人眼花缭乱的作用。它帮助我们制造最富营养的食物。看上去是一个丸子，实际上它是一块面包；看上去像是普通的肉冻，实际上它是一块牛排。这些都是化学的功劳，而野蛮时代的田间劳动，只能在历史学家的谈论中听到。总有一天，牛羊、麦粒、水果、蔬菜，都会成为过时的东西，继而消失。有人说这标志着人类的进步。

科学在创造剧毒物质时，的确有惊人的创造性。在我的实验室里就有很多这样的剧毒物质。假如人们发明了一种蒸馏器，以苹果为原料制造出大量烧酒，以便使我们成为头脑混沌的人，那么显然，工业将不会有任何限制。以人工方式制造出真正有营养价值的食物，则是另一回事。称得上食物的只有有机物，这是在实验室里无法生产出来的。因此，我可以说，生命是食物的化学家。也因为这个原因，我们很理智地将牛羊和农业生产保留下来，一如过去千百年传承下来的方式那样制造、储备我们的食物。相对于工厂的粗暴，我更相信人类自己细腻的办法，尤其是那些有着大肚子的蝗虫。它们同心协力为我们制造出圣诞节餐桌上必不可少的一道食物——火鸡。食谱就装在它们的肚子里，蒸馏器再怎么心怀嫉妒，也无法同蝗虫一样制造出火鸡来。

这种能为许多土著居民提供美味的昆虫，以弹拨身上的乐器来表达它们的欢乐。此刻，让我们观察一只蝗虫吧。它刚吃完午饭，躺在阳光下休息，同时进行消化活动。突然，这只蝗虫发出声音，这种声音重复了三四次，过了一会儿，它又发出了同样的声音。声音很小，小得让我只好求助于听力超常的小保尔。音乐不甚动听，因为蝗虫没有绷得很紧的，如同音簧一样的振动膜。

意大利蝗虫就是此间的代表。这种蝗虫的后腿具有流线的外形，两条竖的粗肋条分布于每一面。在粗肋条的四周，排列着楼梯一样的"人"字形的细肋条，不论里面还是外面，都一样明显。所有的肋条都非常光滑，这一点让我尤为意外，但是它的前翅以及后腿并没有出奇之处。可想而知，如此简单，甚至鄙陋的发音器实验品，会弹奏出怎样的音乐。然而，就是为了这样微弱的声响，蝗虫不辞辛劳地抬高、放低自己的腿，并激烈地进行颤动。蝗虫对自己所做的一切感到心满意足，它以这种方式表达自己对生活的热爱。

当然不是所有的蝗虫都用这种方式表达自己的欢乐情绪。拿长鼻蝗虫来说，就算太阳晒得暖洋洋的，它也不作声。我从没有看到过它摆动后腿。它那修长的大腿，除了跳跃，毫无用处。灰蝗虫的腿也很长，也是闷葫芦一个，但它有自己表达欢乐情绪的方法。在风和日丽之时，我总能看到它在迷迭香上展开翅膀，迅速拍打几分钟，那架势似乎是要飞起来。不过，虽然拍打得格外用力，我们却听不到一点声响。

比灰蝗虫更不济的还有红股秃蝗，它在遍地长满帕罗草的阿尔卑斯地区闲逛散步，它是地中海的客人，在雪一样洁白的花朵和玫瑰红的花芽周围，身着短紧上衣的红股秃蝗，犹如花园里的植物一样光彩夺目。在阳光没有被云雾遮蔽的高原地区，红股秃蝗的衣服优雅却又朴素。那看上去像淡棕色绸缎的是它的背部，它的肚子呈黄色，后腿的基节呈珊瑚红，异常漂亮的是它天蓝色的腿节。我不禁赞叹，它是那样的标致，不过即便如此，它依旧还是一只虫子，穿着短小的衣服。

这个家伙有着粗糙的前翅，相互隔开，就像燕尾服的后摆，其长度超不过腹部的第一个环节，比之更短的是后翅，它连前胸都无法遮住。头一回见到它的人们，会错误地将这个家伙看成若虫，然而它事实上已经是发育完全的蝗虫，可以进行交配了。红股秃蝗到死都是这样一副几乎没有穿衣服的尊容。既然衣服如此的短小，指出它不可能歌唱是否还有必要？它没有前翅，没有突出的边缘，只有粗粗的后腿。别的蝗虫发出的声音不太响亮，红股秃蝗是根本发不出声音。不过我认为，这个一声不吭的家伙，一定有自己的办法表达快乐，并以此召唤它的伴侣，而我对此一无所知。

至于红股秃蝗为什么没有飞行器官，我也无从知晓。它终其一生，一直是一个笨拙的步行者。它似乎安于现状，毫无抱负，对做个步行者心满意足。它为什么不以那些拥有翅膀的近亲为榜样呢？它们从山顶越过积雪的斜谷，以飞快的速度越到另一个山顶；从一个收割完毕的牧场，轻松愉快地越到一个尚未开发的牧场，难道这样的好处没有任何价值可言吗？它其实可以将包裹着但没有用处的残破的翅膀从身体内部抽出来，对它来说，这有很多的好处，可它为什么不这么做呢？

进化停止了。

有些人这么认为。这样的说辞与没有回答一样，我可以用另一种方式提出疑问：进化为什么中止了？为了获得美好的未来，也就是能自由地飞翔，若虫的背上长了四个翼套，里面藏着各种有益的基因，这些基因都按正常的进化法则安排妥当。不幸的是，身体没有响应这一法则，成年蝗虫依旧没有翅膀，它的衣服依旧是残缺不全的。这种情况是否与阿尔卑斯山艰苦的生活条件相关呢？这种可能性根本不存在，因为就在同一地区，其他的一些昆虫还是能够从若虫赋予的基因里获取长出翅膀的能量。

在条件允许的情况下，经过不断尝试，动物终于如愿以偿地获得了某种器官，这是人们早已形成的定势的看法。他们的解释是动物们需要这么做，而不承认其他富有创造性的作用。其实那些蝗虫，尤其是生活于万杜山上的蝗虫，经过千百年的繁衍生息，原本可以从若虫的短小后摆长出前翅与后翅来。

的确如此，名头显赫的大师们，请你们告诉我，红股秃蝗为什么只保留了飞行器官的基因，却没有因此生出翅膀来？经历了千百年的岁月洗礼后，它肯定也会受到需要的刺激，当它跌跌撞撞地在岩石峭壁中艰难跋涉时，它会想到，如果能够通过飞行，摆脱这糟糕的情况，会是一件多么美妙的事情。它由此也经过了诸多努力，但所有努力的结果，都无法让它处于萌发状态的翅膀彻底地展开。

依照你们的逻辑，在这些情况完全相同之下，诸如需要、食物、气候、习惯等等，有的发育成熟，能够飞翔，有的则以失败告终，始终是一个笨拙的步行者。这种说辞跟没有说有什么区别？我无法接受这样的荒谬的解释。我宁愿承认自己对此一无所知，而不做任何无意义的揣测。

把那些落伍者搁置一旁算了，不知道这个家伙为什么会落后这么长一段距离。尽管充满了好奇，对于身体发育中的前进、停顿或是跃进，都无法做出恰当的解释。这种现象必定隐藏着深奥的缘由，面对这个问题，最妥当的方法就是谦虚地承认自身的不足。

第三章

迷 人 的 大 孔 雀 蝶

　　大孔雀蝶的毛虫拥有黄色的外表，这样的体色非常容易引起人们的注意。毛虫的体节尾部环绕着黑色的纤毛，这些纤毛稀稀疏疏地分布着。还有一些闪亮的蓝绿色珍珠也在毛虫体节的末端镶嵌着。老巴旦杏树叶是大孔雀蝶毛虫的食物，它们的茧通常都是与树根部的树皮紧挨着的。这些茧呈褐色，好像渔夫的捕鱼篓一样，长相奇怪，而且非常粗大。

　　一只大孔雀蝶在5月6号的上午从我实验室桌子上的茧里孵了出来。这是一只雌性的大孔雀蝶，它就是在我的眼皮底下进行蜕变的。我赶紧把这只蜕变了的大孔雀蝶放进我的金属钟形网罩内。作为一个观察者，我只是把这只大孔雀蝶简单地关了起来，并没有对它做其他的什么处理。它浑身湿透了，这是因为孵化时的潮湿导致的。我对它的观察非常仔细，一刻也没有松懈，生怕会错过好机会。

　　大孔雀蝶拥有美丽的外表。它穿着栗色的天鹅绒外套，还系着一条白色的皮毛领带。它的翅膀中间有一个圆形的斑点，就像是一只漆黑亮丽的眼睛。这个圆形的斑点拥有美丽的光环，像彩虹一样，栗色、鸡冠花红色以及白色等色彩交相辉映。翅膀的周边呈烟熏的白色，而中间则有一条"之"字形的曲线穿过，同样是白色的。此外，大孔雀蝶的翅膀上还布满了灰色和褐色的斑点。

晚上快 9 点的时候，我的家人都已经进入梦乡了。然而就是在这个时间，我听到隔壁房间传来一阵骚乱声。保尔好像在挪动什么东西，他半裸着身子来回跑跳，双脚直跺，拼命地想要将椅子推翻。我听到他的呼喊声，兴奋而激动："快来啊，房间里飞满了蝴蝶啊，像鸟一般大啊！"我急忙跑过去，看到的场面让我大吃一惊。在过去的时间里，还没有哪一种大蝴蝶能够如此将我的居室入侵。数不过来的大孔雀蝶飞满了孩子的房间，并且已经有四只被抓住关在了麻雀笼子里。

看着这样的场面，我想到了早上被我关在金属钟形网罩中的那只雌性大孔雀蝶。我对保尔说："儿子，留下你的鸟笼，把衣服脱下来，跟我一起去看看究竟发生了什么古怪的事情。"我和孩子一起来到了我卧室右边的实验室。

经过厨房的时候我们看到了同样受到惊吓的保姆，她正在用自己的围裙驱赶大孔雀蝶。一开始她还以为这些是蝙蝠呢。这些大孔雀蝶正是早上被囚禁起来的那只雌蝶招来的，想必它们已经把我的整个房子都占领了。幸亏有一个窗户还开着，这能够让它们畅通无阻地从我的居所中出去。

走进实验室后看到的场景更是让我记忆犹新。一群大孔雀蝶围绕着关着那只雌蝶的钟形网罩飞着。它们一会儿飞过来，一会儿又飞走。来来回回，时而停歇，时而继续飞翔，与天花板等实物的碰撞发出了噼噼啪啪的声音。整个实验室就像是一个招魂卜卦者的洞穴，非常危险。

儿子因为害怕而紧紧地抓住我的手，他想让自己变得胆大起来。大孔雀蝶有时会抓住我们的衣服，与我们的脸相擦，还会扑打我们的肩膀。有时候又向蜡烛扑过去，用翅膀将烛火拍灭。算上卧室和厨房里的那些，我的住所里一共飞来了四十多只大孔雀蝶。

谁都认识这种欧洲最大的蝴蝶，然而并不是所有人都见过今晚的这场大孔雀蝶晚会。这真是一场让我至今无法忘却的晚会啊。它们是飞来向这只雌蝶求爱的，然而这四十余只雄性大孔雀蝶是怎样获得信息的呢？蜡烛的火焰将这些冒失鬼的翅膀烧黄了不少，我们今天还是不要再打扰这些求爱者了。我想明天先拟好一张实验问卷，然后再来对它们进行研究。今天还是让我先把场地清理一下吧。

我对这群大孔雀蝶的观察持续了八天。在这八天之内，它们每次都是在同一个时间段出现在我的居所里，也就是晚上的 8 点到 10 点之间。这正是昏沉沉的黑夜时分，在外面的花园里根本看不到任何东西。再加上是雷雨天，乌云密布的天空中一片黑暗。大孔雀蝶们除了要面对黑暗之外，它们还需要绕过前往我居所时要遇到的种种障碍。

大孔雀蝶需要迂回地穿过一片杂乱的树枝和漆黑的夜才能到达我的住所。我的家由于有着杉柏和松树的遮掩，所以不会遭受来自法国南部的西北风袭击。那是一种干燥、寒冷，而且异常强烈的风。整座房子都隐没在高大的法国梧桐树丛之中。在离居所大门几步远的地方有一道壁垒，那是由一些小的灌木丛形成的。还有一条通往居所的小路，就像房子的前厅似的，周边长着繁茂的蔷薇和丁香。

在这样的重重困难之下，大孔雀蝶居然义无反顾地飞来了，而且它们在飞行的途中根本没有撞上任何东西。这种困难的飞行道路，就连猫头鹰也不敢轻易地离开它在油橄榄树上的洞穴而尝试。然而大孔雀蝶却能依靠本能，在曲曲折折的路线中准确无误地把握方向。对于大孔雀蝶来说，黑暗其实就象征着光明。它们在穿越阻碍之后，身上毫无擦伤的痕迹。它们的翅膀完好无损地拍打着，精神状态也良好。

大孔雀蝶不可能是依靠强大的视觉来到这里的。因为即便是它们的视网膜能够感受到一般视网膜所无法感受的光线，但是这种视觉也不可能强大到能够在很长一段距离内感知到，何况在通往我住所的这段路途中还有很多困难的阻隔。大孔雀蝶对于光线的指引非常敏感，它们在通常情况下都是直接前往光线所在的地方。

然而，由于光线有时候会出现折射，所以在这种情况下，大孔雀蝶也会走错地方。这种错误不会致使飞行的方向有大的偏离，只是会让它们对目的地确切地点的感知有一定的偏差。实际上，大孔雀蝶的直接目标是我实验室中的那只雌蝶。然而它们有的却出现在了我儿子的房间，甚至是厨房中。这正表明大孔雀蝶所获得的信息并不十分准确。光线是让大孔雀蝶无法抵抗的强大力量，即便是一盏微弱的灯所发出的光。

嗅觉和听觉的情况也是如此。在我们需要准确地依靠这两种感觉对气味或是声音的发源地进行判断时，它们总是会存在这样或是那样的偏差。因为光线的引导而产生判断偏差的大孔雀蝶并不是稀疏的几只，它们也并不都是从那扇窗户中直接飞进来的。因为那扇窗户离关着雌蝶的钟形网罩只有几步之遥，那里绝对是通往正确地方的关口。我在实验室周围的其他地方也看到一些大孔雀蝶。它们有的从下面飞进来，在前厅中徘徊，顶多也就是飞到楼梯跟前。不过楼梯的上面是一扇紧闭着的门，这是一条死路。看来除了一般的光辐射带给大孔雀蝶通往目的地的信息的同时，还有另一种东西从远处为它们提供信息。这种信息把大孔雀蝶引到目的地的附近，让它们在徘徊中寻找确切无误的地点。

大家猜测为大孔雀蝶提供信息的另一种东西就是它的触角。雄性大孔雀蝶拥有具备探测器作用的宽触角，处于发情期的它们正是靠着触角发出的信号来到雌性大孔雀蝶的藏身之地的。那么，大孔雀蝶身上披着的那身美丽的外套就没有为它们提供一些信息吗？难道这身华美的羽毛饰就只是作为衣服来穿的吗？让我们做一个实验后再下结论吧。

在我对这群大孔雀蝶进行观察的第二个夜晚，我找到了八只在10点之后仍旧不肯离去的大孔雀蝶。它们在前一天的晚上也同样通过那扇畅通无阻的窗户来到了我这里。这八只大孔雀蝶在第二扇窗户的横档上停了下来，它们保持静止不动的姿势。这第二扇窗户是关着的。其他的大孔雀蝶跳舞跳到10点之后都通过第一扇窗户离开了我的住所，然而这八只大孔雀蝶却依旧执着。它们为我的研究提供了很好的条件。

我将这八只大孔雀蝶的触角用剪刀剪了下来，并且是连根拔起的那种。这些被做了手术的大孔雀蝶似乎对这次的截肢并没有太大的反应，甚至没有几只拍打它们的翅膀。这种情况真的很好，也正是我想要的。

　　它们好像并没有因为被剪去了触角而感到痛苦，又因为这样的痛苦而变得癫狂。这些大孔雀蝶只是在窗户上静静地停留着，直到这一天彻底过去。

　　除了为雄性大孔雀蝶截肢以外，我还需要对雌蝶做一些处理。为了得到更好的研究成果，我不能让它暴露在雄性大孔雀蝶的面前，而是将它转移到了另一个地方。我把这只雌蝶放在了住所中另一边的门廊下，将钟形网罩放在了地上。这个地方离我的实验室大约有五十米。

　　夜晚来临之后，我对那八只被剪掉触角的雄性大孔雀蝶进行了最后一次观察。它们中的六只已经消失不见了，而剩下的两只则都掉在了地板上，看上去筋疲力尽，没有丝毫生气可言。假如我把这两只大孔雀蝶的身子翻得肚朝天，它们也没有任何力气再自动翻转回来。不，请不要认为这是因为我除去了它们的触角导致的，因为这完全是因为它们的衰老所造成的。假使我没有用剪刀对它们做截肢手术，结果也同样如此。那么，那六只消失不见的大孔雀蝶到哪里去了呢？它们由于精力还比较旺盛所以先行离开了。

　　它们会不会再次找到装有雌蝶的，而且已经被换了地方的钟形网罩呢？新的地点与旧地点之间有着一段比较远的距离，没有了触角的它们还会被雌蝶所吸引吗？

我准备了一个暂时安放雄性大孔雀蝶的房间，这个房间比较宽敞，显得很空荡。这里没有任何装饰物，所以不会有东西对大孔雀蝶造成伤害。我时不时地提着灯笼来到安置雌蝶的钟形网罩面前，它位于露天的地方，那里相当黑暗。飞来的大孔雀蝶通通被我抓住，我对它们进行了一番辨别之后便把它们放进了刚刚准备好的临时房间。

　　大孔雀蝶在我为它们准备的临时房间内能够享受到安静与自由，而且这种准备性的措施会在我以后的试验中经常用到。我的这种方法能够对前来的大孔雀蝶做出准确的判断，绝对不会将同一只大孔雀蝶数上好几次。

　　我在十点半之后结束了这一晚的实验，因为没有什么情况会再发生了。我在收集到的二十五只大孔雀蝶中发现了一只被剪去触角的。

　　这是一个比较微小的成果。也就是说，在昨天被剪去触角，而且依靠强壮的体力离开我居所的那六只大孔雀蝶中，只有其中的一只再次寻找到了雌蝶的所在地。这个实验结果并不能对触角的作用做出任何肯定或是否定性的判断，所以更大规模的实验迫在眉睫。

　　到了第二天早上，我再次对这二十五只大孔雀蝶进行了观察。我发现它们全都在萎靡的状态下存活着。但是令我感到惊奇的是，这些精神状态不怎么样的大孔雀蝶在被我用手指拿起来后似乎又有了生气。

　　我对它们还有期待，也许这些大孔雀蝶还会出现在雌蝶面前载歌载舞。于是，除了那只已经被剪去触角的大孔雀蝶以外（事实上，它已经快要死了），我对其他的二十四只大孔雀蝶也实施了手术。之后，我把这间房间的房门打开，让它们可以自由地离去。

同样地，为了保证实验的准确性，也为了让这些出走的大孔雀蝶接受实验，我又把装有雌蝶的钟形网罩换了地方。这次我把钟形网罩放在了底楼侧面的一个房间中，而且保证进入这个房间的通道没有阻碍。我想让大孔雀蝶们在门槛上就能够找到这只雌蝶。

然而，在这二十四只被动了手术的大孔雀蝶中，已经有八只衰弱到快要走向死亡。只有另外的十六只离开了房间。我在第二天晚上又在钟形网罩周围抓到了七只大孔雀蝶，然而它们全都是新来者，因为它们拥有自己的触角。前一天晚上那离去的十六只大孔雀蝶中，没有一只再次找到这个钟形网罩。

这样看来，被剪掉了触角对于大孔雀蝶来说确实有些严重。但是在下这个结论之前，我还有一个很大的疑问没有解决。被剪去触角的雄性大孔雀蝶会不会是因为缺少了器官而羞于出现在雌蝶面前？就像小狗穆弗拉尔一样，它刚刚被人无情地割去了耳朵。然而这只小狗却依旧说道："我还敢出现在其他狗的面前，我的状态很好。"

看来，小狗穆弗拉尔主人的担心是不必要的。大孔雀蝶的求爱欲望本来就十分强烈，而且非常短暂。那么，受到摧残的大孔雀蝶是不是也会有同样的顾虑呢？它们会因为失去触角而变得没有精力吗？我需要再次进行实验。

这是实验的第四个夜晚。这一次我抓了十四只大孔雀蝶作为实验的对象，它们全都是完好无损的新来者。我照旧找了一个临时安放它们的房间，并且让它们在那里过夜。到了第二天，我在它们一动不动的时候拔掉了它们前胸的一些毛。这种行为并不会对这些大孔雀蝶带来什么求爱方面的麻烦，因为它们没有缺少任何在钟形网罩面前所需要的器官。

同样地，由于丝质下脚毛比较容易得到，所以我的拔毛行为并没有烦扰到这些大孔雀蝶。这些被拔掉一些毛的大孔雀蝶就是我这次实验的对象。

夜晚来临。我依旧对钟形网罩的位置做了变更。这十四只大孔雀蝶中没有一只因为被拔除了一些前胸毛而变得精疲力竭。它们全都在夜间开始了活动。两个小时过后，我一共抓到了二十只前来求爱的雄性大孔雀蝶。然而，只有两只是被我拔过毛的，其他的十二只全都没有再次出现。看来它们的求爱欲望已经完全消失了。

那么，在十四只被拔去一些毛的大孔雀蝶中，为什么只有两只再次找到了钟形网罩呢？其他的十二只也是具有触角的啊，这触角可是人们猜测的它们的导航器啊。但是为什么它们没有飞回来呢？每次雄性大孔雀蝶在我的强制之下度过一个夜晚后，我都会在第二天看到它们精疲力竭的状态。对此我唯一的解释就是：它们的求爱欲望已经没有了。不置可否，雄性大孔雀蝶一生的唯一目标就是求爱。这也是所有蝴蝶都具有的本能活动。这样的本能让它们飞过很长的距离、越过很多的障碍以及穿过深深的黑暗，最终找到了自己所喜欢的雌蝶。找到意中人的雄性大孔雀蝶会在两三个夜晚中，每晚都用上一两个小时在自己的爱人面前表演与调情。它必须利用好时机，因为一旦错过了，就什么都完了。原本非常精确的导航器会坏掉，而且明亮的信号灯也会熄灭。假如没有了这些功能，那么雄性大孔雀蝶还有什么存活的意义呢？所以，失去这些本能的大孔雀蝶没有了求爱的欲望。它们在一个角落中等待着死亡的来临。

大孔雀蝶不会进食，它对胃没有任何概念。与那些终日忙碌于花朵与花朵之前的蝴蝶相比，大孔雀蝶绝对是一位禁食者。大孔雀蝶蜕变为蝴蝶是为了能让后代将自己的族类延续下去，这跟吃东西并没有什么关联。

它们不需要依靠进食来恢复体力。此外，大孔雀蝶的口腔器官其实是个空洞的东西，一个不折不扣的半成品。这个口腔器官并没有任何实际运行的可能，完全是个假象。正如油灯中假如没有了油，那么这盏灯就会熄灭。大孔雀蝶由于不懂得吃东西，所以只需要熬上两三个夜晚，它们就会在精疲力竭中结束自己短暂的生命。

大孔雀蝶无论是接受了手术，还是拥有完好无损的身体，它们通通都会因为生命的短暂而变得没有活力。这与被拔去前胸的一些毛或是被切除了触角完全没有关系。失去触角的大孔雀蝶并不一定就不能够再次寻找到安放钟形网罩的地方，而被拔除一些毛的大孔雀蝶也同样没有受到什么大的损伤。大孔雀蝶的筋疲力尽与触角的缺失并没有什么联系，触角的作用依旧让人怀疑。

我的实验进行了八天，同样地，被我关在钟形网罩中的雌性大孔雀蝶也坚持了八天。它所在的钟形网罩在这八天里，每天晚上都要换一个地方。一大群的雄性大孔雀蝶都会在我的意愿之下，在雌蝶的引诱中前来求爱。在这群来客到访之后，我便把它们通通都抓了起来。然后将它们放置在我事先准备好的一个临时住所内。我让它们在那个房间中过夜，到了第二天我会拔掉它们前胸的一些毛。

在我所生活的地区，大孔雀蝶的数量是非常稀少的。这是因为大孔雀蝶所赖以生存的老杏树在这个地区比较少见。我曾经在两个冬日里对这些杏树进行过搜寻，然而搜寻的结果却是寥寥无几。它们的树根掩埋在一堆凌乱的禾本科植物下面，就像穿上了鞋子似的。

然而，在我的实验进行了八天之后，被我抓住的大孔雀蝶居然多达一百五十只。这可是一个让人感到不可思议的数字啊。这些大孔雀蝶都来自比较遥远的地方，有可能是两公里以外，也有可能比这个还远。那么，它们是如何得知在我的实验室中关着一只雌性大孔雀蝶的呢？

依靠视觉是不可能的。没错，大孔雀蝶在穿过我家窗户之后绝对能够依靠自身的视觉来寻找雌蝶。然而在这之前呢？它们即便是拥有神话中所讲的能够透过厚厚的墙看到事物的猞猁眼，那么也不可能在遥远的几公里之外就具备这种天赋。因此，相信视觉向导的想法绝对是荒谬的。

除了视觉之外，还有两个因素可以进行探究。它们分别是声音与嗅觉。其实，依靠声音这种说法也站不住脚。挺着大肚子的雌性大孔雀蝶的确能够在很远的地方就对雄性大孔雀蝶进行召唤，但是它发出的声音往往很轻柔。即便是拥有最为灵敏的耳朵，听到的声音也是轻微的。在发情期，雌蝶由于受到情欲的驱动以及心灵的波动，它的身体在高度精准的显微镜观察下会显出微微的颤动。然而，雄性大孔雀蝶可是位于离它几公里的地方啊。它们怎么可能听得到雌蝶的呼唤呢？

　　最后一种因素便是嗅觉。这种说法值得我们进行实验，因为气味的散发似乎比其他物质更容易说明大孔雀蝶为什么在赶到目的地后，需要经过一些徘徊后才能找到雌蝶准确的藏身之地。是不是真的存在气味这种散发物？我是无法察觉到的。不过我相信我们无法闻到的气味对于具有比我们嗅觉更加灵敏的大孔雀蝶来说能够做到。

　　为此，我准备做一个比较简单的实验。我需要把雄性大孔雀蝶能够辨别出雌蝶的那种气味压在另一种更加浓烈的气味之下，而且要使这另一种气味保持很久而不散发。这样，雌蝶微弱的气味只能在强烈的气味之中散发出来。

　　在大孔雀蝶来访之前，我在雌蝶所在的钟形网罩下面放了一只装满萘的容器。然后又在雄性大孔雀蝶夜晚所要暂时居住的房间内放入了足够的萘。大孔雀蝶来了。它们就像没有闻到萘的味道似的，很准确地找到了雌蝶的位置。我的精心设计白费了。虽然我对气味的信心有些动摇，然而我已经不能够继续第九次实验了。因为连续的作业已经让禁闭在钟形网罩之内的雌蝶变得精疲力竭。这只雌蝶把卵放在了钟形网罩的网纱上，之后它就死了。没有了实验的对象，我没有什么事情可做，这样的状态需要一直持续到第二年。

为了让我将要进行的重复性实验能够顺利地进行，我准备了一些必需品。那就是夏天的时候，我向邻居家的小孩买大孔雀蝶的毛虫，每条是一苏的价格。那些小孩子们因此也非常开心。他们学完了枯燥的法语动词变位，跑到田间去抓大孔雀蝶毛虫。他们不敢用手碰触这种毛虫，而是用一根棍子的尖头部把它粘上，然后再交给我。当我用手指头去拿起那只毛虫的时候，他们每个人都显得非常惊讶。

我把大孔雀蝶毛虫喂养在我的昆虫小园子中，并且用扁桃树的枝杈抚育它们。不出几天，我的精心喂养就有了回报，它们向我提供了优质的茧，寒冬季节，我又在杏树下收集了许多这些宝物，与我趣味相投的朋友帮了很大的忙。在这些得来不易的茧当中，有十二只个头比较大，也很重，这些茧都是雌大孔雀蝶的。它在大冷天里饱尝了各种艰辛，茧羽化得很晚，羽化出来的，也只是一些反应迟钝的小家伙。

第四章
蛛 网 的 几 何 学

　　我考虑再三，还是决定写下这一章。但是，这对于我的写作是一个极大的挑战，因为这需要读者们掌握一点几何学知识。怎么样才能让对昆虫感兴趣的人们读得津津有味呢？我不能只描述蜘蛛织网的精美过程，那样只能满足昆虫学家的爱好，他们对数学定理毫不关心；也不能只用学术公式夸夸其谈，那样的长篇大论只能让几何学家欣喜，可是却漏掉了生命本能中最光彩夺目的一笔。

　　因此，我选择两者并存的写作方法。让我们一起来欣赏圆网蛛精巧高超的织网技术吧。首先，可以看到等距离的辐射丝，以及从一根丝到另一根丝所产生的角。这样的角在网中数量很多，超过了40个，但所有角的角度明显相等。

　　它随意的走动看起来仿佛毫无秩序可言，但是结果却像用精密的作图工具画出来的一样。每一只蜘蛛都会把织网的营地划分成许多开度相同的扇形面，扇形面的数目几乎全部一样！仔细观察可以发现，每个扇形面内构成螺旋圈的横线彼此是平行的，间距随着与中心距离的缩进而减小。这些横线和连接横线的辐射丝所构成的具有一定角度的角，一边为钝角，一边为锐角。

几何学家把从中心辐射出来的一切直线，或扇形面辐射线，以常数的辐射角值斜切，所得的曲线称为"对数螺线"，辐射中心称为"极点"。让我们假想有无数条辐射丝，那么圆网蛛所走的路程，就是这样一条对数螺线。然而，现实状况中，它的路程是一条内切于对数螺线的多边形线。

对数螺线绕着它的极点画出无限个圈，它一圈一圈地走，努力一点一点接近圆心，可是却怎么都不能到达。圆网蛛一直尽量遵循无限绕圈的规律，螺旋圈越靠近极点彼此越加紧密。到了一定的距离，螺旋圈突然停止了。

这条线连着中心区的辅助螺旋丝。辅助螺旋丝向着极点绕得越来越密，几乎已经接上了。对数螺线的这种特性已经完全超出了我们的视力能够观察的范围，这也是科学家一直进行思考钻研的原因。即使在最精密的仪器下面，我们的眼睛也会跟踪不了那些密密麻麻的圆圈。但是，圆网蛛拥有这样的本领，几乎能够精确地接近极限。

我们设想一根可以弯曲的线绕在对数螺线上，如果把它拉开，一直拉紧，那么它自由的一端就会卷成跟原先完全一样的螺旋状，只是曲线改变了方向。对数螺线还有另一个特点，能让曲线在一条不确定的直线上绕圈，它的极点不断移动位置，但却一直在同一直线上。无休止绕圈的结果是一条直线，持续变化产生出来的却是一成不变。

科学家对于对数螺线总是无比钟爱。著名的几何学定理的发现者雅各布·伯努利就是其中一位。他把对数螺线和由此线产生的延长线作为荣誉，镌刻在墓碑上，并有一句相应的铭文："我原样复活我自己。"对他而言，似乎找不到比几何学更好的表达了。

这种特性奇怪的对数螺线，让科学家们如此乐此不疲地研究着，因为这是一张为生命服务的建筑图。

软体动物总是按照这条深奥的曲线在贝壳上绕螺旋斜线。这种动物经历了几千年的岁月，对这种曲线了如指掌。菊石自最远的时空向我们招手。它经历了陆地从海洋中显现的时刻，对我们而言，它无疑是最宝贵的化石。沿着它生长的方向切开磨光，对数螺线体面地露出来，构成一个漂亮的住宅，一根水管穿过，隔出无数的小房间。而今天，印度的海鹦鹉螺，是花纹贝壳的头足纲软体动物的最末代继承人。它是那么怀旧，不肯抛弃祖先的对数螺线的规则，但它稍稍做了改动，把水管的位置移到了中心，而不是放在背上。

贝壳动物喜爱对数螺旋的程度丝毫不亚于软体动物。在小草青青的沟渠里，那些扁平的扁卷螺也有高超的几何学知识，它们的对数螺线也很美丽。

长形贝壳动物虽然也受对数法则的支配，结构却要复杂得多。我有几种来自喀新里多尼亚的锥尾螺，尖尖的锥约一拃长，表面光滑且完全裸露，朴素到没有任何褶襞、结节、珍珠这些最平常的装饰。

它自豪地维持它的风格，在锥上画了20多个圈，越来越细，直到一条细线把它们拦截下来，终于消失在顶端。用铅笔在这个锥体上随意地画出了一条母线之后，我发现，螺旋线以一种恒定值的角度切断这条母线。

且看我这样进行分析：锥体的母线投射到与贝壳轴线相垂直的平面上，变成了半径，而从底部转圈上升至顶部的细线，彼此辅合成一条平的曲线，这条以恒定不变的角度与半径相交的平曲线，就是漂亮的对数螺线。贝壳的条纹，也可以算作是对数螺线在锥形表面的投影。

我们更可以假设一个与贝壳的轴线相垂直，并通过顶端的平面，和一条绕在螺旋线上的线。我们把这条线退出来拉得直直的，它的末端不会脱离平面，而是在平面上画出一条对数螺线。这里我们看见了锥形对数曲线变成了平面对数曲线，伯努利"我原样复活我自己"衍化出的更复杂的变形。

这条著名的螺线，成为很多动物旋转的舞台。长圆锥形的贝壳动物，如锥螺、长辛螺、蟹瘦螺；扁圆锥形贝壳动物，如马蹄螺、嵘螺，都是几何学的高手。就连蜗牛这样普通的软体动物，也规规矩矩地遵循着对数的原则。这些软绵绵、黏糊糊的动物，掌握了让我们惊叹的科学。但是，它们是从哪里学会的呢？

有一种猜想是这样说的：软体动物是从幼虫衍生出来的。在进化的某一天，幼虫在阳光的照射下兴致勃勃，欢快地摇晃着尾巴，并把它拧成螺旋形，便突然找到了未来螺旋形贝壳的平面图。但是，这种说法不适用于所有情况，蜘蛛就是一个例子。蜘蛛与幼虫毫无血缘关系，也没有什么工具可以卷出一个螺旋状的东西，但是它却那么轻易就织出了对数螺线。

蜘蛛造出了一种粗糙的框架，速度很快，至多只要一个小时；软体动物为了它精美的螺塔，要花上整整几年的时间。为什么会有这种分别呢？因为蜘蛛只需要画出曲线的草图，就算作品粗糙也没有关系。但是，它对几何术的掌握程度，却是分毫不差的。

人们试图在圆网蛛的身体结构上找原因。步足可以自由伸缩，就像圆规一样，能够凭借弯曲程度和长短决定螺线横穿辐射丝的角度，在每个扇形面保持横线的平行。步足的长度决定了丝的布置，如果圆网蛛的脚长一点，螺旋彼此的间隔就要更宽一些。这个观点我们能在彩带蛛和丝蛛那里得到认证。彩带蛛的步足比丝蛛长，蛛网上的横线间隔就要大一些。

然而，角形蛛、苍白圆网蛛和冠冕蛛，它们简直都是矮胖子，但是它们那带黏胶的螺旋线的距离却与彩带蛛不相上下，后两种的旋转螺旋丝的距离甚至更大。另外，圆网蛛在编织黏胶螺旋丝之前，它先编织了第一道辅助螺旋丝作为支撑点。这螺旋丝从中心出发到边缘，圈的宽度迅速变大。等到蜘蛛铺设黏胶螺旋丝时，它只剩下中央的部分。

于是，蜘蛛改变了它的机制，第二个螺旋丝以紧密的圈从边缘向中心推进，只用黏性的横线编织。这成为捕虫网的基本部分。两者都是对数螺线，但在方向、圈数和相交角上都完全不同。所以，步足是长还是短，都不能影响螺旋线的分布。

这是一种与生俱来的技巧，圆网蛛不会事先进行大量的计算，也不可能用眼睛对角度进行测量，只是在无形之中，它做出了符合精密几何学的工作。就像石头和枯叶，不论被抛出还是从树枝掉落，它们本身都不具有运动的意识，可偏偏都遵循抛物线这个巧妙的轨迹。

几何学家还惊喜地发现，一条曾经只能通过思辨得出的图形，居然通过抛物线找到了，那是由抛物线的圆锥面和一个平面相交产生的切线。

再从抛物线出发，如果它在一个无限的直线上滚动，那么这条圆锥曲线的焦点的运动轨迹是什么呢？于是，一个e数诞生了。它表示了抛物线的焦点画出的一条悬链线的代数符号，这条线形状非常简单，但e数却无法进行任何列举，且不管把这条线划分得多么细都无法表示出单位来。让我们来见识一下这个数的无限长级数：

如果有细心的读者对它的前几项进行计算，会得到e=2.7182818……

然而，就到这里吧，因为自然数的无限级数迫使这种计算是没有尽头的。这个奇怪的数字告诉我们，小小的线段里蕴含了大量的科学。

每当地心引力和扰性同时发生作用时，一条悬链弯曲成两点不在同一垂直线上的曲线，人们就能找到悬链线，如抓住一根软绳子两端垂下来，船帆被风吹鼓，母山羊下垂的乳房中装满了乳汁……这里都有e数的存在。

我相信在一切小事物中都有无尽的科学，一个挂在线段的小铅球，麦秸上挂着的一颗露珠，被微风拂皱的一洼浅水。只要对这些加以计算，我们的大脑就被大量的数字所充斥。就算我们有巧妙的公式，但面对如此巨大的工程，能不能发掘出更加智慧的方法呢？

我在浓雾的早晨，看到 e 数出现在一张夜间刚刚织好的蛛网上。黏胶丝上面凝结着一个个圆滚滚的水珠，把黏胶丝拉弯，形成了一根根悬链线。

伟大的 e 数也绽放着美丽的光彩，因为当太阳拨开大雾时，这些小水珠就化成了耀眼的钻石，整个网就闪闪发光，诱人得就像正在展示的珠宝秀。

几何，就像一个仔细的工程师，用精密的圆规测量了一切，然后悄悄地告诉了大自然。于是，我们欣赏松果鳞片的整齐排列，赞美蜗牛的螺旋上升斜线，惊叹圆网蛛黏胶网的精致，探索行星轨迹的神秘。不论是微小的原子世界，还是广阔的宇宙空间，几何无处不发挥着作用。

可能我的解释不符合目前流行的理论，但相比幼虫卷起尾巴的说法，我认为它具有更大的价值，正如我坚信几何学的高明一样。

第 3 巻

Book Three

第一章
螳 螂 捕 食

有一种昆虫跟蝉一样引人注目，同样生长在南方，但是名声跟蝉比起来，要略微小一些，因为它不像蝉一样，一天到晚唱个不停。如果它也能够像蝉一样，有一个小音箱，再加上它非常独特的外形，那么它的声望恐怕就会超过蝉了。这个昆虫就是修女螳螂，当地人叫它"祷上帝"。

螳螂在捕食前会摆出一种祷告的姿势，所以有很多人认为它是一个传达神谕的女预言家，可能有的人会觉得这是一种迷信的看法。但是在这一点上，科学家的术语和农民们朴素的词汇确实惊人的一致。他们都认为它是一个传达神谕的女预言家，是一个有着神秘信仰并潜心修炼的苦行女。其实早在此之前，就有古希腊人把这种昆虫称为"占卜士""先知"。农夫们在描述这些虫子的时候会把自己能应用的词语、有过的印象全部都用上。在火球一样的太阳下，螳螂优雅地半立着自己的身体，双手高高地举起，伸向天空，整个翅膀宽大、碧绿、轻薄如曳地长裙，简直是一名正在祷告、仪态万方的修女。

其实螳螂把我们所有的人都骗了，虔诚的祷告后并没有跟随着礼拜，而是一场残忍的盛宴。它的虔诚是装出来的，残酷才是真正的本性。伸向天空的双手并不是用来转动佛珠的，而是用来撕裂自己的俘虏。螳螂本来属于直翅目食草昆虫，可是因为它越来越与众不同的习性，现在它已经完全独立成螳螂目。它就那样优雅地埋伏在田野里，对肉类的痴迷、一对有力的前足、无懈可击的攻击套路，这些无疑都让它成为昆虫界的霸王，所谓的"祷上帝"其实是一个十恶不赦的恶魔。

先不说它那攻击力极强的捕捉足，单就外形来说，它真的是一个优雅的修女，仪态万方，身形细长，整体翠绿，头从胸腔里伸出来，能够左右旋转，仰头，低头，有点像人，能够自由地引导自己的视线。头上也没有食肉昆虫那有力的大颚，它的嘴甚至也是很秀气的，好像只能啄食地面上的小草一样，殊不知它的嘴沾满了多少昆虫的血。整个螳螂看起来是这么优雅安详，谁能想到转瞬之间它就会变成一个优秀的杀手。

它的前足节很长，像织布的梭子，内侧有两排锋利的锯齿，为了迷惑被捕食者，它还在这里做了一点点装饰，前胸的内侧有一个黑色的圆点，中间还有一点白色，两旁还装饰着珍珠一样的小圆点，看起来的确很美，被捕食者往往会被这样的外表所迷惑，甚至说是震撼，忘记了危险，忘记了逃脱，这样螳螂的目的就达到了。

被它抓到的昆虫会很惨，因为螳螂独特的生理构造使得食物一旦被捕，就基本没有逃脱的可能。螳螂前足内侧黑色的长锯齿和绿色的短锯齿，共有12根，排列成长短交错的阵形，这样在撕咬食物的时候就会增加许多啮合点，使得它的进攻更加勇猛。而外面一排锯齿相对简单一些，只有四个刺齿，在内侧锯齿的最末端还有三根最长的齿，这就是捕捉足所有的构造。

　　胫节与腿节相连的地方也是一把有两面的锯齿，这里的小齿更加细密一些，当然反应也更加灵活，跗节上有一个十分锋利的硬钩，就像我们使用的最好的钢针一样。而钩的下面有一道细细的凹槽，里面是一把像用来修剪枝叶那样的双刃刀。其实就算不描述，很多人也知道螳螂的捕捉足有多厉害，我也一样，为了观察它们，我不得不去抓几只回来看看，结果给我留下了很深刻的印象：很多时候当我抓住它的时候，它会拼命地挥舞前足来反抗，有的时候，捕捉足上的齿就那样咬进我手上的皮肤里。不过我自己却没有办法，我要用两只手稳稳地抓住它，这样一来只能求助别人把它的足从我的手上弄下来。我看着一根根或深或浅的齿从我的手中拔出来，那时就在想，我要是生生把它从我的手上扯下来，那我手的下场可能会有点惨，况且，我也不敢对它太用力，因为稍微用力些，可能就会把它掐死。可有的时候，我又很生气，我这样小心翼翼地对它，就是怕伤害它，可是它却对我用尽了所有的招数，让我甚至不知道该怎么办才好。

　　它不想狩猎的时候，就会把足高高地举起，装出一副虔诚祷告的样子，这个样子不会持续太久，等到它想捕食、周围又有猎物经过的时候，它就会立刻展开自己无懈可击的攻击技巧，先把跗节上的硬钩尽量抛向远处，这样才能够钩回食物，然后就把猎物紧紧地夹在两个钢锯一样坚固的钳子中间，然后，胫节向腿节的方向弯曲，一切就这样结束了，老虎钳子已经合上了，不管被它夹住的猎物有多么强壮，只要这一系列的动作完成了，就别想再逃脱螳螂的铁钳，不管是扭动还是后踢，什么都不管用了。螳螂还是会保持着自己优雅的姿态，直到自己的猎物精疲力竭，它就开始享受自己新鲜的盛宴了。

我想饲养几只螳螂，这样才能够清楚它们的习性。虽然抓螳螂的过程可能会遇上一些小插曲，但是饲养的过程其实很简单，因为它们似乎只在乎自己的食物是什么，而不在乎自己是不是身处牢笼，所以我只要每天向玻璃器皿中放入丰盛的食物，这个凶残的捕食者还是很配合工作的。我找来一个瓦钵，在里面装满了沙子，然后点缀上一丛百里香，让螳螂的生活也有点乐趣，接着再放一块平滑的石头，这样它们以后才会有合适的地方产卵，最后，我用平时放在饭桌上挡苍蝇用的网罩罩在这个观察房的上面，平时大部分时间这里都是阳光充足的。

到了8月的下旬，肚子渐渐大起来的母螳螂越来越多，它们的食量也越来越大，我必须要更多的食物才能满足它们日益增大的胃口。当然，还有一个别的因素，就是它们似乎知道我为了观察研究它们会很殷勤地往实验室中放置肥美的食物，所以，有很多新鲜的猎物它们只是吃了几口就扔在一边再也不理了，如果它们是在田野里，恐怕一定会把逮到的食物吃个精光。到了最后我不得不用面包和西瓜来收买我附近的小朋友，让他们帮我捉一些蝗虫和蝈蝈，我自己也提着网出去给这些挑剔的母螳螂们找一些更高级的珍馐佳肴。

当然我找到的美味也一样是有一定的危险性的，我很想看看，在昆虫界，到底什么样的成员才能从母螳螂的手中逃脱。

我找到的食物中有的比母螳螂的个头大得多，比如灰蝗虫；还有的虫子拥有强壮有力的大颚，比如白额螽斯；当然还有我们这个地区最大的两种蜘蛛，大得让我看到都有点害怕。这些各式各样的猎物被放到饲养室里后，母螳螂似乎并没有被这些平时不常见的家伙震慑住，它们依然像往常一样，挥舞着自己的大钳子，把所有的猎物逐一收入囊中。

我在想，我把这些食物放进饲养室中，它们都会这么奋勇地去捕猎，那么平时这些不常见的猎物出现在它们面前的时候，它们肯定会更加卖力。

在它们对大蝗虫发起进攻的时候，我认认真真地观察了一次，因为它们突然像触电一样浑身痉挛起来，警觉地面对眼前这个大家伙，然后放下自己优雅的身段和祈祷的双手，摆出了一个可怕的姿势。我被眼前的一幕吓到了，没想到它们由平和到进攻的转变是如此之快。它们先向两侧斜着打开自己的前翅，紧接着把后翅像两张大帆一样完全打开，腹部向上卷起又放下，不断重复、抽动着，像一根曲棍一样紧张、放松、再紧张，并且还会像火鸡开屏一样，发出"扑哧""扑哧"的声音。它们似乎不着急进攻，慢慢地挺直身体，完全伫立在自己的四条后腿上面，捕捉足现在舒展地打开了，交叉成一个十字摆放在胸前，把自己胸前美丽的斑点和华贵的项链一一展示出来，然后它们就保持着这个姿势不再变换，似乎要先在气势上压倒对方。

究竟有没有成功我实在是不得而知，因为这些小昆虫的表情实在是难以捕捉，我不知道它们是否真的被母螳螂先是凶猛后是华贵的气势压倒了，但是有一点我看得很清楚，当母螳螂决定收起架势开始进攻的时候，大蝗虫并没有像我想象的那样，用它有力的后腿猛地跳开。要知道，整个饲养室是很大的，如果大蝗虫想利用弹跳来逃脱一段时间是完全有可能的，让我吃惊的是它非但没有慌忙地逃脱，居然还呆呆地向母螳螂靠近。

以前我只听说过小鸟在老鹰面前会被吓得不知所措，没想到昆虫也会这样。大蝗虫似乎真的已经走进了母螳螂的控制范围，此刻的它丧失了心智，似乎完全被母螳螂控制了，呆呆地等着成为别人的盘中餐。

这对母螳螂来说也许丧失了一些捕食的乐趣，但是它们依然不会放弃这顿美味的大餐，又是那套几乎万无一失的捕捉技艺，当被母螳螂的钳子紧紧地夹住的时候，大蝗虫似乎才回过神来，但是这个时候已经晚了，螳螂很快就制服了试图挣扎的大蝗虫，然后就开始有味地享受自己的美食了。当然比起进食灰蝗虫和距螽的架势，后者就不需要那么多前奏了，母螳螂可以直接把自己的大弯钩抛出去，把猎物勾回来，然后按照往常一样的步骤开始进食就可以了。

对付这种小角色甚至连恫吓都用不上了，只有对付那些走进了它的势力范围之内，它又没有完全的把握一击即中的猎物，它才会先使用蛊惑的方式。其实它在摆出这种奇怪的造型的时候，翅膀的作用是很大的。因为它的翅膀又宽又大，呈半透明状，透着淡淡的绿色，很多脉络在上面穿插生成垂直的网格，这样的大翅膀忽闪着打开的时候，恐怕没有人会不被它吸引。加上它的翅膀打开的时候，两翅之间的腹部末端除了上卷之外，还会不停地抖动，甚至发出"扑哧""扑哧"的声音，这样的一幕怎能让其他的昆虫不目瞪口呆，这样螳螂就可以乘机出手，大获全胜。

观察网罩里的雄性螳螂和雌性螳螂，我发现，雌性螳螂的翅膀也跟雄性螳螂一样很宽大，这是为什么呢？我有这样的疑问是完全可以理解的，首先，跟它们附近的灰螳螂比较一下。灰螳螂中的母螳螂就没有宽大的翅膀，它们只需要拖着装满了后代的大肚子慢慢地移动就可以了，此时的翅膀已经完全退化了，缩成小小的一对，就像穿了一件燕尾服一样，后面有一对小小的、装饰性的翅膀。因为它们的习性就是生活在干草地和碎石头里，而且因为肥胖的身体它们也根本无法飞翔，所以退化掉翅膀才是正确的选择。那么，难道说修女螳螂还长着一对宽大的翅膀就是错误的吗？

当然不是，存在的就是合理的，修女螳螂之所以会长出宽大的翅膀是有原因的，并且一定是有利于自己的生存的。之前已经说过，母螳螂的食量是很大的，而且并不是总有人为了研究它们而下很大的功夫去捕捉一些珍馐美味来侍奉它们，所以平常的日子里，它们要自己埋伏在石头后面、草丛里或是其他地方来等待猎物的出现一饱口福。

但是前文也已经说过，并不是所有的猎物它们都有一击即中的把握，所以有的时候，它们需要用这对像白色幽灵一样的大翅膀先恫吓住对方，然后趁对方发呆的时候大举进攻，只要自己的铁钳子牢牢地合拢了，那么就胜券在握了。所以，为了成为一名英勇的猎人，一个能够自食其力的母亲，拥有一对大翅膀才是修女螳螂正确的选择。

有的时候，饿极了的母螳螂会把跟自己体型差不多大的猎物，甚至是体型比自己还要大一些的猎物极快地消化掉。有时候我会很吃惊，因为你不可能把一个篮球一样大的东西放进一个足球一样大的容器里，可是母螳螂却毫不费力地解决了这个问题。它的胃具有很强的消化功能，食物进到胃中，似乎不用等待，就立刻被溶解，消化，然后就排出体外了，恐怕也只有这样连贯而又迅速的消化过程才能满足它的食量吧。在我的网罩下，蝗虫是母螳螂们最平常的猎物，有的时候我会津津有味地观赏螳螂是怎样享受一只蝗虫的。

它们用看起来并不像嗜血恶魔的嘴，就那么慢慢地把一整只蝗虫吃掉，最后只留下两只干硬的翅膀，就连翅膀根部的一丁点肉都不会舍弃。有的时候我发现它们会先从蝗虫的大腿开始享用，可很好理解，就像我们也爱肥美的羊腿一样。

螳螂的进食方法让我想到了两种蟹蛛，就是金钱蟹蛛和满蟹蛛。之所以叫它们蟹蛛，是因为它们走起路来像螃蟹一样，满蟹蛛的腹部有一个红圈，而且装饰着叶状的斑点，通体黑得发亮；金钱蟹蛛的足上有一圈圈的环，红色的或是绿色的，身上却像白色的缎子一样。

平日里它们很少像别的蜘蛛一样辛勤地织网以捕捉猎物，它们织的仅有的一点网是用来给自己的卵做卵袋用的。它们的捕捉战术是埋伏在花朵之中，然后出其不意地袭击猎物，蜜蜂是它们最喜欢的野味。我不止一次看见它们死死地按住那些可怜的小蜜蜂，然后把自己有毒的钩子刺进蜜蜂柔软的后颈，片刻，蜜蜂就不再挣扎了。我之所以说螳螂的进食方法跟蟹蛛很相似，是因为螳螂也是执着地从猎物的颈部开始进食的恶魔。

很多次我看到螳螂抓到猎物，然后用一只捕捉足把猎物拦腰围住，另一只捕捉足牢牢把猎物的头按下去，然后，昆虫们没有护甲的最柔弱的地方就这样暴露在母螳螂的面前，然后它就一口口地啃噬猎物的这个部位，非常执着，一直到这个地方被啃出了一个巨大的口子。猎物彻底地失去了知觉，这时候，螳螂就可以尽情地按照自己的喜好来享受它的战利品了。

母螳螂的身体优势其实远比蟹蛛要大，所以，我对蟹蛛的捕食过程很感兴趣，因为它们身为蜘蛛类的昆虫，却不使用网先困住猎物，然后再慢慢制服猎物，而是就那样赤手空拳地跟猎物搏斗，我觉得这是一个更需要计谋的过程。于是我想找一个地方，观看一场完整的有蟹蛛参加的战斗。当然，如果完全靠自己的运气守在薰衣草洞边等待蟹蛛的出击是要耗费很多时间的，于是我决定主动给它制造一个环境。我把蟹蛛放进网罩里，然后在旁边放了一束薰衣草并且在上面滴上几滴蜂蜜，然后再放三四只富有生命力的蜜蜂进去，一切就完成了，我现在需要做的就是等待观察。

首先我不得不说的是，蟹蛛是一个很沉得住气的捕猎者，它开始只是缓缓地爬到花束的上面，在滴有蜂蜜的地方停下来，然后就没有了动作。网罩里的蜜蜂此时还没有意识到自己同一个屋檐下的伙计是一个多么残暴的家伙，它们还满心欢喜地飞来飞去，甚至时不时地还落在薰衣草上，狠狠地喝一口蜂蜜。起初，蟹蛛并没有采取什么行动，还是默默地趴在蜂蜜的旁边，慢慢地，蜜蜂们越来越大胆，开始长时间地驻足在蜂蜜上面，尽情地饮用，这时的它们并没有意识到先前那位按兵不动的邻居此刻要采取恐怖的行动了。

蟹蛛还是那样等着，不同的是，它缓缓地张开并且抬高了自己的足，然后保持这个姿势，等待时机成熟。果然，又一只蜜蜂经不住诱惑落到了蜂蜜上面，只见蟹蛛迅速地扑上去，用自己有毒的钩子一下子钩住了蜜蜂的翅尖，这个小小的冒失鬼现在才意识到了危险的到来。它拼命地挣扎，但是已经晚了，蟹蛛迅速地爬到它的背上，这样蜜蜂的刺就完全没有了用处，蟹蛛只要看准时机把自己有毒的刺插进蜜蜂的后颈，这场战斗就宣告结束了。

蜜蜂失去知觉后，蟹蛛还在享受着它体内的汁液，但仅仅是畅饮而已，一个部位的血液干涸了之后，它就会换另外一个部位继续自己的盛宴。我之前还对此有过疑问，为什么有的时候我看见蟹蛛在吸食的部位是不一样的，现在就解释得通了，当我看到蟹蛛在蜜蜂颈部吸血的时候，就是它刚刚俘获战利品，这个部位的血液还没有干涸，而当我看见它在猎物其他部位吸食血液的时候，就证明最初部位的血液已经干涸了。但是蟹蛛只是吸食蜜蜂的血液而已，对于蜜蜂的肉，它是一点都不感兴趣的。它就这样一个部位接一个部位地移动着，直到整个猎物已经没有一个部位可以再吸得出血液为止。就算到了这个时候你从外表上依然看不出蜜蜂受到了什么伤害，甚至以为它只是酣睡着，但实际上，它已经死了，并且血液已经干涸了。

这一点和狗也一样，我们来说一个有点偏离中心的话题，狗在进攻的时候也会选择咬住对方的脖子不放，虽然狗牙是没有毒的，不能因此在短时间内麻痹对方，但是可以利用这个方法使得对方的头部转动不得，不能再进攻，而血流如注的脖子最终也将成为敌人死亡的原因。但是蟹蛛就不一样了，跟蜜蜂比起来，它的力量不够大，也不会飞，所以移动也相对不灵活。如果这个时候还要靠持久战来获得战利品，是很不可靠的，所以蟹蛛要用最快的速度爬到蜜蜂的背上，尽管途中可能被蜜蜂刺到，但是它还是会不顾一切地爬到蜜蜂的背上，然后咬住它的后颈，因为它知道这样不过几秒钟，自己就会成为胜利者。

现在我们再回过头来说说螳螂，螳螂身上是没有任何部位有毒的，那么它要怎样才能够抵御猎人的反击呢？是要先撕扯它们有力的后腿，还是要先卸掉它们跟自己相差不多的大刀，还是先把它们的翅膀剪掉，以免它们逃走呢？这些方法都无法保证猎物能够在短时间内被制服，如果情形是这样的话，对它自己也是有危险的。但是不用担心，虽然螳螂没有蟹蛛那样的毒液，但是它的做法跟蟹蛛有同样的功效。蟹蛛是依靠毒液来麻痹自己的猎物，螳螂也深知这个道理，所以它会选择猎物的后颈，并且执着地咬这个地方，直到破坏了猎物的神经中枢，那时，它们就无力反抗了。这样一来，再庞大再凶猛的猎物都可以放心食用了。

以前我只把那些狩猎能力很强的昆虫分为杀害猎物和麻醉猎物两种。现在恐怕还要加上母螳螂这种先咬断猎物的颈部神经再慢慢地享用猎物的优雅杀手了。

第二章
圣 甲 虫 的 习 性

我们沿着山路高兴地走着，一边谈天说地，一边寻找着圣甲虫的踪迹，或许它在我们不知道的时候已经在安格尔沙土高原上出现，正在滚动着被古埃及人视为代表世界形象的粪球。在这五六个人中，我是年纪最大的，是他们的老师；而他们呢，则是一群充满干劲的年轻人，有着火热的激情、丰富的想象力和充沛的活力。我们都热爱这神秘的自然，并且渴望能对它有更多的了解。

我们想了解梭形尾巴像珊瑚枝的小蝾螈是不是藏在山脚的溪水里，躲在了绿毯般的浮萍下；小溪里的刺鱼是不是已经戴上了天蓝和紫红相间的结婚领带；刚刚归来的燕子是不是正在焦急地寻找着一边跳舞一边产卵的大蚊子；而长着眼状斑的蜥蜴是不是正趴在阳光下的砂岩上，展示着它布满蓝斑的臀部。总之，我们就是这样一群对动物深深着迷的人，我们怀着无比愉悦的心情来到这里，用我们自己的方式，来庆祝整个春天的回归。

山路两旁长满了接骨木和英国山楂树，树上的伞房花序散发出了一阵阵苦涩的香味，就连金花龟也陶醉在了这样的香味里。我们伴着这样的香味，找到了令我们兴奋的东西。小溪里的刺鱼已经梳妆完毕，它的鳞片闪着白银般的亮光，胸前的朱红色也变得格外扎眼。

当居心叵测的黑色大蚂蟥接近它时，它背部和鳍部的刺便会立刻竖起来，把敌人吓得灰溜溜地逃跑。扁卷螺、瓶螺、椎实螺等软体动物在水面上呼吸着新鲜的空气。它们总是一副与世无争的样子，就算被水鬼虫和它丑陋的幼虫袭击，这些和平爱好者们也好像什么都没发生一样。而在悬崖那边的高原上，绵羊们正在悠闲地吃着青草，马儿们紧张地练习着赛跑。它们全都给食粪虫带来了丰富可口的食物。

把地上的粪便清除干净，这便是鞘翅目食粪虫的工作，也是它们的崇高使命。食粪虫拥有各种各样奇异的工具：有的用来翻动粪土，把粪土捣碎、整形；有的用来挖洞，以便日后用来储存它们的战利品。这些工具就好像博物馆里陈列的挖掘工具，极其精巧实用，有的像是仿造了人类的技艺，而有的则完全是它原创。

西班牙粪蜣螂的额前有一个强有力的角，脚尖向后翘，像十字镐的长柄。月形粪蜣螂不但拥有类似的角，它的胸部还长着两片犁铧形状的尖片，两个尖片之间，还伸出了一根十分突出的尖骨作为刮刀。生长在地中海边的水牛布蜣螂和野牛布蜣螂额前有一对岔开的角，前胸有一片水平的犁铧伸到两角之间。蒂菲粪金龟的前胸长着三片直指前方的平行尖犁，两边的长，中间的短。公牛嗡蜣螂的工具是两个像牛角的弯长钳子，而叉角嗡蜣螂的工具则是一根双刃长杈，竖立在扁平的头上。即使是最差劲的食粪虫，它的头上或胸前也长着突出的硬疙瘩。

很多食粪虫的衣着鲜艳得像首饰盒上的宝石。似乎是作为对干脏活的补偿，不少食粪虫都能散发出麝香的味道，而且腹部闪耀着金属般的光泽。一般来说，食粪虫的颜色都是黑的，但也有很多例外，粪堆粪金龟的腹部就发出了金和铜的光泽，而黑粪金龟的腹部则更加美丽，呈现出了紫晶的色彩。有些生长在热带地区的食粪虫显然更加幸运，因为它们拥有同类中最亮丽的外表。生长在埃及的骆驼粪下的圣甲虫有着祖母绿般的色彩，而圭亚那、巴西、塞内加尔的蜣螂则有着红宝石般耀眼的光芒。

我观察过很多食粪虫的工作场景，那是多么忙碌的一番景象啊！就连在加利福尼亚寻找金矿的淘金者们，也没有食粪虫的这般干劲。太阳还不太热，数百只大小不同、形态各异的食粪虫便已密密麻麻地挤在了一起，谁都希望能在这共同的糕点上多分得一杯羹。

有的负责梳理粪堆表面，有的负责在粪堆深处挖掘巷道，有的则忙于挖洞，以便一会儿把战利品贮藏起来。身强力壮的一般都在前面冲锋陷阵，而个头比较小的就站在一边，把偶尔落下的一小块粪便切碎。有的小虫子初来乍到，看到美味兴奋不已，便当场饱餐一顿。而大多数虫子还是有着长远的打算，它们会把食物储存到一个隐秘的地方，以备不时之需。要知道，在这宽广的草原上找到这样一堆新鲜的粪便有时候比中彩票都难。

方圆一公里内粪香四溢，所有的食粪虫都循着这香味急急忙忙地赶过来。看，那里有一只来晚了的虫子，它正迈着小碎步向粪堆走过来。它的长腿生硬又笨拙地向前移动着，好像是被某种装在肚子里的机械推动着前进；红棕色的触角像扇子一样张开，显示了它对不能分到足够的食物所产生的担忧。终于，它挤倒了一些捷足先登者，抢先来到了粪堆旁边。它伸出强壮巨大的前足，一抱一抱地对粪球做着最后的加工，然后走到一旁静静地享受自己的劳动成果。这浑身黝黑、粗大异常的家伙，便是大名鼎鼎的圣甲虫。

圣甲虫用它特有的步骤制造出了一个个粪球。在它的额头有六个排成半圆的角型锯齿，那是用来挖掘和切削的秘密武器。圣甲虫用这耙子来剔除不能吃的食物纤维，把最精华的部分聚集起来。如果是为了自己采集食物，圣甲虫才不会如此挑剔，可是如果是为了制作育儿室，在粪球中挖一个孵卵的小洞，那就必须精挑细选，用最精华的粪便筑成小洞的内层。这样，幼虫破卵而出时便能在住所的内壁找到营养丰富的精细的食物，为将来储备能量。在筛选自己的食物时，圣甲虫似乎显得有点漫不经心。它把带锯齿的额突转入粪堆里，在强壮有力的前足的配合下，很轻易地进行着挖掘的工作。如果需要翻越障碍在粪团最厚处开辟通道，它便用它那带锯齿的腿用力一耙，清理出一个半圆的空间来，再把耙过的粪便聚拢到腹下的四只腿之间。剩下的工作便交给后足去完成了：检查和修正球体的形状。实际上，这些腿的作用就是帮助粪球成形。这些经过粗加工的粪团在四条腿之间摇摇晃晃，逐渐趋于完美。

就这样，一粒小小的粪丸眨眼之间变成了苹果那么大的粪球。这些工匠们在烈日下如痴如醉地干着活，它们的速度总是让我感到惊异。我还曾经见过它们制造出的拳头大的粪球，那么大，估计够这些贪食者享用很久。

　　圣甲虫习性中最惊人的特征体现在它搬运食物的方式上。食物制作好了，圣甲虫们便从混战中退了出来，开始进入搬运的过程。它们没有丝毫迟疑，立刻上了路，用那两条长长的后腿抱着粪球，把足尖的爪子卡进粪球里作为旋转轴，两只中足作为支撑，长着锯齿的前腿交替着地。它们就这样倾斜着身子，头朝下身子朝上地倒着走。

　　两条后腿在这里起了重要的作用，它们来回运动，变换着旋转轴，使得重物能够保持平衡。而两只前腿的左右交替也推动了重物向前移动，使粪球表面的各个点轮番与地面接触，由于压力分布均匀，粪球外层的各个部分也都变得一样坚实，外形逐渐趋于完美。

　　当然，事情总不会一帆风顺的。瞧，圣甲虫遇到了第一个困难。在翻越一个陡坡时，沉重的粪球顺着斜坡滚了下去，圣甲虫也被重物拖倒，翻了个跟头，六条腿在空中乱挥。不过它不会轻易放弃，转眼间，它又翻了过来，奔跑着去把粪球抓住。倔强的圣甲虫不愿意走那平坦的谷底，它又站在了那造成严重后果的斜坡前，再一次开始了它的攀登。它小心翼翼地往后退，千辛万苦地把巨大的粪球推到了一定的高度，可是一个不小心，粪球又带着圣甲虫滚了下去。一次次的攀登、一次次的跌下，在这艰难的路上，圣甲虫往返重复，小心翼翼。可二十几次徒劳的攀登终于磨平了它的耐性，或者说，使它变聪明了些，只有在这时候，它才肯选择那条平坦的小路。

圣甲虫并不总是单独搬运珍贵的粪球，它会经常给自己找个搭档，或者说，会有另外一只主动参与进来。当粪球做好后，一只圣甲虫便会带着粪球倒退着离开，企图早点摆脱战局，而这时候，旁边的同伴便会放下自己的工作跑来协助它。在两只圣甲虫的共同努力下，粪球总会顺利到达终点。我很好奇，这是不是一种雌雄的联合呢？一对配偶即将成家立业，于是它们共同协作来谱写一曲家庭之歌。可是雌雄圣甲虫外表没有任何区别，以致不能将它们区分开来，于是我便解剖了两只正在搬运同一粪球的圣甲虫，事实是，它们经常是同一性别的伙伴。

既然不是一家人，也不是劳动伙伴，那么这种表面的合作是为了什么呢？哦，原来这纯粹是一场有预谋的抢劫。狡猾的搭档以帮忙为借口参与到粪球的搬运中，而一有机会，这个阴谋者便会把粪球抢走据为己有。在粪堆里自己做既需要耐心又很辛苦，而把别人做好的粪球抢过来显然要轻松得多。如果物主不警惕，帮忙者便会带着财富溜走；而如果物主监视严密，使得帮忙者没有机会作案，那么最后的结果通常是两个人共同享用美味的午餐，因为它至少帮忙过。

有一些野心更大的圣甲虫抢劫起来就更明目张胆了，它们也不假装好心，而是直接出现在半道上，用武力把做好的粪球抢走。并且这种拦路抢劫的事情还常常发生。一只圣甲虫正独自滚动着它辛辛苦苦做成的粪球。不知从哪里飞来另一只圣甲虫，猛地落下，把黝黑的后翅收到鞘翅下面，用带锯齿的手臂把物主推倒在地，而物主因为推着重物，常常无法招架。当物主意识到自己被抢劫时，它会不顾一切地保卫自己的财产。

看，那只被抢的圣甲虫翻转了过来，冲着抢劫者又踢又蹬。而抢劫者反而看起来比较淡定，它只是静静地站在粪球上，前腿收在胸前，静候事态的发展，准备随时攻击。它已经占据了能打退进攻者的最有利的位置，它要做的只是盘踞在粪球的圆顶上，监视着被抢者的一举一动。一旦对方立起身子准备攀登，它便挥臂一击打到对方的背上。

为了让敌方垮下来，被抢者必须施展挖坑道的战术，那就是破坏粪球的下部，使得摇摇晃晃的粪球带着抢劫者一起滚动。而强盗为了不让自己掉下去，只能像做体操一样，尽量在滚动的粪球上保持身体的平衡。如果它一不小心出现了失误，从粪球上掉了下来，那么战斗便会转化为拳击，双方会胸贴着胸厮打起来。在厮打中占据上风的一只会找机会重新回到粪球上去。当强盗幸运地获胜之后，它便套上车把夺来的粪球随便推到什么地方；而可怜的物主只能逆来顺受地回到粪堆上去，重新制作一个又一个的粪球。

我无法查明到底是什么原因使得圣甲虫养成了抢劫的习惯，为了一块粪团而对同伴动用武力，但我能够肯定，抢劫是这种虫子的天性之一。

为什么这些小虫子这样厚颜无耻，能够和同伴肆无忌惮地你抢我夺，这是个奇怪的动物心理学问题，只能留给未来的观察者去解决。在这里我只想讨论一下这两个共同搬运粪球的合伙者。

首先，我必须纠正书本上流行的一种错误的说法。我在布朗夏尔先生杰出的作品《昆虫的变态、习性与本能》中读到了下面这段话：

我们的昆虫有时被一个无法逾越的障碍挡住，粪球掉进了洞里。这时圣甲虫表现出一种对局势的惊人的了解，以及一种在同类之间进行联络的惊人能力。由于已经意识到无法带着粪球越过障碍，圣甲虫似乎放弃了粪球，飞到远处。如果你充分具备这种称为耐性的伟大而高尚的品德，那么你就待在这个被丢弃的粪球旁边吧。不一会儿，圣甲虫又来到这个地方，不过，它不是独自回来的，它身后有两个、三个、四个、五个同伴，全都扑向这个宝物，同心协力把重担抬起来。圣甲虫找到了援军，这就是为什么在干旱的田地上，常常看到好几只圣甲虫共同搬运仅有的一个粪球的缘故。

我在伊利热的《昆虫学》杂志上还看到：

一只墨侧裸蜣螂在造用来装卵的粪球时，粪球掉到洞里去了，它长时间拼命想独自把粪球拉出来，却是白费力气，浪费时间。它于是跑到邻近的粪堆找来三个伙伴，它们共同出力，终于把粪球从洞里拉了出来，然后那些帮手又回到各自的粪堆里，继续自己的工作。

这两种说法完全相似，无疑是同出一源。可是恳请大师布朗夏尔原谅，事情肯定不是这样的。伊利热杂志的根据十分不符合逻辑，所以不值得盲目相信，只是提出关于墨侧裸蜣螂的奇遇，并把它照搬到圣甲虫身上。两只同种的昆虫共同帮忙滚动粪球，或是从一个地方把粪球拉出来，是件非常罕见的事。但这样的合作并不能证明处于困境的圣甲虫会向同伴求助。

我算是相当具有耐性的人了。我曾经长时间地和圣甲虫朝夕相处，千方百计想要看清楚它的习性，可是在我的观察中，我从没看过它有任何想找同伴帮忙的迹象，哪怕是一闪而过的念头也没有。我也曾经对圣甲虫做过实验，而且实验的难度比粪球掉进洞里的难度大得多。比如我曾经给它设置比重新爬上斜坡更严重的障碍和比任何时候都更需要帮忙的局面。可是展现在我眼前的，从来就不是同伴互相帮忙的画面。

所以我对这一问题的见解是：几只圣甲虫出于掠夺的目的而一起拥到同一个粪球上，结果却被误会成了呼唤同伴来帮忙的故事。由于观察得不充分，人们把这样一个拦路抢劫者，说成了一个放下自己的工作去帮助同伴的人。

在实际的情况中，圣甲虫的伙伴关系其实更微妙。一般来说，来帮忙的圣甲虫其实是带着阴谋硬加进来的，而物主是因为害怕更严重的灾祸，才勉强接受帮助的。它们的相处方式看起来很和平。两只圣甲虫共同驾车，物主占据着首席，在主位，从后面推重物，后腿朝上，低着头；伙伴在前面仰着头，带锯齿的前腿放在粪球上，常常后腿拖着地。它们的力气很不协调，助手背朝着前面的路，而物主的视线又被粪球挡住了，于是两者经常笨拙地摔倒在地。

入伙者在表现了好意之后，便开始破坏合作的体制。它把腿收在腹下，赖在粪球上面，跟粪球成为一体。它牢牢地趴在上面，一声不吭，无论如何都不肯松手。这时候如果前面出现个陡坡，那就有好戏看了。它变成了领头人，在上面抓住沉重的粪球，而物主只能在下面费尽力气把粪球推上斜坡。当物主已经筋疲力尽再也使不出力气的时候，另一只则毫不费力地赖在粪球上，随着粪球一道滚落，再一道被推上来。

我进行过各种各样的实验，目的是要检验这两个合作者在面对重要麻烦时，解决问题的能力如何。我用一根长而粗的大头针把粪球钉在地上，粪球一下子停住了。那只圣甲虫不知道我的诡计，以为遇到了什么天然障碍，所以它加倍地使劲，拼命干，可粪球仍然一动不动。现在是真正需要帮助的时候。如果它向蹲在圆顶上的伙伴求助一声，事情应该很容易解决，但没有任何迹象表明它会这么做。

圣甲虫顽强地摇动着粪球，各个角度都尝试过了，但没有丝毫效果。这时候，在上面休息的同伴也意识到了什么，于是从粪球上下来，绕着圈进行观察。它们从底部对粪球进行探测，终于发现了大头针的秘密。

如果我能给它们意见，我会告诉它们："必须进行挖掘，把固定粪球的大头针拔出来。"这种办法对它们来说，再简单不过了，因为它们是天生的挖掘工。可惜我的意见并没有被采纳，甚至连试都没试一下。

这两个伙伴一个从这头，一个从那头钻进了粪球下面，粪球随着它们钻进的程度，开始滑动起来，顺着大头针向上升。由于粪便松软，它们很快便在桩头下面挖出了一条通道，很快粪球便被悬在与这两只圣甲虫身体厚度一般高的地方。它们趴在地上，用背部顶着粪球，靠腿用劲一点一点地把粪球撑起来，最后终于使粪球从大头针顶脱离了出来。于是，它们把被戳破的粪球马马虎虎地修补了一下，又开始了它们的运输。

这两只小虫子并没有意识到，它们之所以能逃出这个困局，是因为我大发慈悲帮了它们，否则就算它们怎么挺直身子也达不到大头针的高度。我捡来一小块平平的石头放在粪球下满，用来把粪球垫高，让圣甲虫在这个平台上继续干活。起初，它们似乎没有理解我的意图，还是按照之前的方法尝试。不过无意间，一只圣甲虫终于爬到了石头的上面，或许是感觉到粪球轻轻地擦着它的背，它又恢复了信心，再一次开始使劲。它们借助我不断添加的石块作为支点，坚持不懈地工作，直到把粪球完全拉了下来。

既然圣甲虫能想到利用我放的石块来完成这项工作，那它为什么想不到用自己的背来垫高另一只虫子以便它能够着粪球呢？唉！它们根本想不到这样的办法。通力合作对它们来说，似乎是不可能发生的事情。就算是遇到再大的困难，每只圣甲虫也只是独立努力，从没想到过配合。如果圣甲虫没有同伴，情况也还是一样的，它还是会用完全一样的方法去摆脱困境。这就证明，同伴对圣甲虫来说完全没有意义，那么，它去找一群同伴来又有什么意义呢？

为了增加记录的客观性，我又进行了一次实验。这次我挖了一个相当深而且陡的小洞，把圣甲虫和粪球一起放到了洞底，使它无法滚动着沉重的负担爬上洞壁。圣甲虫一再努力毫无结果，相信自己已经无能为力，便飞得无影无踪。在这种情况下圣甲虫会叫同伴来帮忙吗？我等了好久，一直希望它能带几个增援的好友回来，但结果却令我大失所望。

两只搭档的圣甲虫滚动着粪球，穿过百里香、车辙和斜坡的沙地，漫无目的地往前走，滚动使粪球有了一定的硬度，也许这样的粪球正合它们的口味。找到合适的地方后，主人开始动手挖餐厅，而伙伴却趴在粪球上面装死。圣甲虫主人用带锯齿的腿把沙子一抱一抱地挖出来，慢慢地消失在洞穴中。每次它带着一抱沙土回到露天时，这位挖掘工总要向粪球瞧一眼，看看它是否还安然无恙。

随着工程变得越来越大，圣甲虫主人出来的次数逐渐减少，这可是盗窃的好机会。看，那只睡着的圣甲虫终于醒来了，奸诈地溜了下来，背朝外迅速地推着粪球，一溜烟儿就跑掉了。窃贼已经到了几米开外，失窃者才从洞里出来，它四处张望，却什么也没找到，凭借嗅觉和观察，它迅速确定了窃贼的行踪，并迅速追了上去。可是结果却出乎意料，两只圣甲虫在碰面的一瞬间似乎达成了某种和解，它们就好像什么也没发生过一样，又一起把粪球运回了洞里。如果小偷来得及跑远，或是能够巧妙地掩盖自己的踪迹，那灾祸便无可补救了。但即使是这样，圣甲虫也不会泄气，它会搓搓双颊，伸伸触角，吸吸空气，然后飞向附近的斜坡重新开始觅食，这就是圣甲虫值得赞美的刚毅的性格。假设它没有遇到不请自来的同伴，那它会在疏松的沙地里挖一个拳头那么大的洞。食物一储存好，它便把洞口封住，只留自己在洞里独自享用那美味佳肴。

圣甲虫的宴会开始了。光是粪球就几乎占满了整个餐厅，食物从地板一直堆到了天花板。在这美妙绝伦的小世界里，圣甲虫们三三两两地挤在一起，欢快地享受着美味的午餐。它们没有因为分心而漏掉一口饭，也没有因为傲然的挑剔而浪费一粒粮食，所有的粪球都被它们认认真真地吃了进去。这是一项十分奇妙的化学工作。你想想，肮脏的粪土都变成了赏心悦目的鲜花和圣甲虫的鞘翅，它们装点着春天的草坪，使春天变得异常美丽。

圣甲虫天生具有一种神奇的消化能力，这就是它们能在最短的时间内化粪土为神奇的秘诀。我对它们那极长的肠子感到惊奇。那肠子反复蠕动着，经过多次的循环，把粪土完全消化吸收掉，什么都没有剩下。庞大的粪球一口一口地进了圣甲虫的消化道，留下营养成分，然后再从它们的尾部出来。当粪球整个进到胃里之后，它们又重新回到地上去寻找机会。

从5月到6月，圣甲虫欢乐的生活一直持续着。当炎热的夏天来临的时候，圣甲虫便会躲到阴凉的土壤里，企图躲避那炎炎烈日。等到第一场秋雨落下，它们便会再度出现，不过数量远远不及春天时多，也没有春天那么积极。这段时间，它们的头等大事是孕育下一代。

第三章

西 班 牙 粪 蜣 螂 的 母 爱

西班牙粪蜣螂的生殖能力是无法跟其他昆虫相比的，它的生殖能力很有限。那么为什么它的后代跟其他昆虫的后代一样家族庞大呢？就是因为雌性粪蜣螂伟大的母爱和它们高超的制造粪球的技能。

很多生殖能力很强的昆虫，因为可以繁殖出很多后代，所以对繁衍出的后代照顾不是很悉心，对于自己的后代，很可能是在一个粗略的安排后就不再过问，很大程度上把自己的后代交给命运来照顾，它们的后代也因此会有一定数量的或是很大数量上的损失。可能它们每次会产一千颗卵，但也许活下来的还不到一百颗甚至更少。可能是因为这些昆虫知道自己的生殖能力很强，所以它们的母爱相对薄弱甚至是没有，它们不在乎后代的成长情况，更不会为自己的后代精心准备一个良好的成长环境或是留下充足的食物，它们的后代很可能因为生存空间的争夺或是食物的争夺而自相残杀，最后只留下一小部分。而西班牙粪蜣螂就不一样，正是因为它们没有强大的繁殖能力，所以它们对自己的后代格外细心，对于它们的母爱和制作粪球的技能，我是有很多感慨的。

之前我一直在强调粪蜣螂每次产卵的数量是很少的，到底少到什么地步才会让这位伟大的母亲在产卵之后放弃自己的一切活动来好好地照顾自己的后代呢？粪蜣螂每次产卵的数量只有三四颗，如此小的数目在其他每次产卵成千上万的昆虫面前简直是沧海一粟。粪蜣螂很明白，对于自己稀少的后代而言，任何的争夺或是危险的问题都可能是一场灭顶之灾。

在田野里痛快地寻找挖掘粪料对于所有的食粪昆虫来说是一件极其快乐的事情，但是西班牙粪蜣螂在产下卵之后，是不会像其他的雌性昆虫一样，继续去外面做让自己快乐的事情的，它们寸步不离地守着自己的卵，甚至都不会在夜里出来小小地舒展一下身体。它们陪在自己的孩子身边，时刻保持着高度的警惕。它们小小的身体一直在忙忙碌碌地工作着，时刻环视自己的粪球内有没有什么状况发生。修补粪球上的破损或是裂痕，赶走会争夺自己孩子的食物的敌人，像嗡蜣螂、蜉金龟，还有小的隐翅虫或是粉螨、双翅目昆虫的幼虫等，这些看起来不起眼的昆虫幼卵最后很可能成为粪蜣螂的后代成长中致命的敌人。从6月开始筑巢，然后把卵产在巢内，之后就一直守护着自己的后代，雌性西班牙粪蜣螂就这样一直坚持到9月，才会带着已经不需要监护的后代来到地面上。也许真的没有一种昆虫比粪蜣螂拥有更多的母爱，直到自己的子女能够独立生活，它们才会放松警惕，找回自己的时间，恢复到以前无拘无束的生活。

我感叹西班牙粪蜣螂的筑巢技术，并不是因为它的技术有多么高超，相反，跟许多食粪虫相比，粪蜣螂算是比较笨拙的，我感叹的是它的执着和认真。从外形上看，粪蜣螂并没有有利于制造粪球的工具——长而有力的前足。那么它是怎样制作粪球的呢？从常理上来想，没有制造粪球的工具，那么它就不会像圣甲虫一样，把这件工作视为一种艺术，制造粪球对它来说没有任何骄傲感可言。而且从开始制作粪球算起，粪蜣螂就要有将近三个多月的时间没有自由而言。最后这个小小的虫子做出了一个还算是完美的蛋形的粪球，但疑问产生了：没有见过蛋的粪蜣螂是怎么有灵感做出如此形状的粪球的呢？

圣甲虫在制作粪球的时候，自己长而有力的前足会像一个圆规的支脚一样，缠着自己的作品；侧裸蜣螂也跟圣甲虫一样，有着长而有力的前足，但是粪蜣螂就不同了，它的前足又短又不灵活。很难想象它是怎样用这样的前足为自己的后代修窝筑巢的，有的时候我甚至怀疑它是否能够成功，但是观察的结果真的让我大吃一惊：粪蜣螂完成一件半成品——一个圆圆的摇篮所要花费的时间不会超过三天，甚至通常会在两天之内完成。再过些日子一个完整的蛋形粪球就会呈现在我面前，这个精致的小窝长约40毫米，宽大概有34毫米，粪球的表面被雌性粪蜣螂夯得很实，像一层坚硬的盔甲，但是轮廓不见得很明显，有的甚至不太看得出蛋形，更像是一颗圆形的粪球。因为没有很长的前足的缘故，粪蜣螂的粪球的确没有其他昆虫的粪球那样好看，它的粪球更像是那些夜行性禽类的蛋，团团的，只有顶端有一点点突起。如果细细地观察这个地方，我们不难发现，这里有一圈淡淡红晕，而且稀稀疏疏地插着几根短短的纤维。的确有些昆虫会在建造的粪球顶部插一些粗粗的纤维，这样做的原因有几个。第一，这样不完全把粪球封死，高温和潮湿依然会透过纤维传到粪球内，这样的环境会更加有利于粪蜣螂幼卵的成长和发育；第二，粪蜣螂是靠拍打和挤压粪料来制造粪球的，当它把卵产在粪球的顶端以后，用力地拍打可能就会伤害到粪料下面的小生命，所以为了保护自己的后代，粪蜣螂在制作粪球顶部的时候，只是慢慢地把粪料收拢，然后留一圈空隙，稀稀疏疏地插上短短的纤维就好，这样自己的后代就不会因为自己拍打粪球的力量而受到伤害了。还有一个原因也同样是出于安全方面的考虑，如果粪球的顶端也用粪料来制造，那么一旦粪料坍塌下来，对粪蜣螂的幼卵也同样是致命的伤害，所以粪蜣螂的粪球顶端通常都会插着几个粗粗的纤维。

当一个蛋形的窝竖立在我的面前时，我不禁有点疑惑：为什么西班牙粪蜣螂要费尽周折地去完成一个对它来说算是浩大的工程？它的前足很短，这样很不利于它筑巢，而且在筑巢的过程中，它无法像其他昆虫一样，用长长的前足来衡量自己制作的蛋形粪球是否是一件曲线完美的作品。它只能辛勤地从粪球的一边踱到另一边，然后用自己短短的前足来修正歪曲的地方，这样坚持不懈的努力使得它跟其他的昆虫一样，能够为后代建造一个温馨的小窝。

至于为什么粪蜣螂会选择这么有难度的蛋形粪球，原因就是炎热的天气。前面已经说过，粪蜣螂从 6 月开始建造粪球，之后把卵产在粪球内，一直寸步不离地守护着自己的后代，直到 9 月，它带着可以独立生活的后代走上地面时，这颗粪球才算光荣地完成了自己的使命。粪蜣螂要在粪球内待上整整三个多月，也是一年中气候最闷热的三个月，而蛋形的粪球是粪料内的水分最不容易蒸发的一种粪球形状。虽然制造蛋形粪球对于只有短短的前足的雌性粪蜣螂来说，不是一件容易的事情，但如果不把粪球制造成这个形状，那么后果是不堪设想的，整个粪球内的水分会很快流失，不到三个月就已经硬得无法食用，那么它的后代就面临着饿死的危险，也许对于别的昆虫来说，死掉三四个幼虫是很稀松平常的事情，但是对于西班牙粪蜣螂来说，这意味着整个家庭的灭绝。

虽然外形和夜行性禽类的蛋有些相像，但是粪球产生的化学原理却是和蛋大不相同的。鸟蛋进行呼吸要用到钙质外壳上的气孔，虽然这样对蛋壳是一种消耗，但与此同时也是对蛋壳内的生命的一种补给，再分解的同时也在生成，但是最后，总的内容含量是在减少的。但在食粪昆虫的卵里，情况可就大不相同了。热热的空气流动到孵化室里，不仅仅使得它们充满活力，更重要的是，空气中的热量使得粪料内的养分得以蒸发，而幼虫体表那层薄薄的膜是允许这些东西渗透进来的，所以我们通常会看到，幼虫在很短的时间内，体积迅速成倍地增大，甚至是原先的两倍或是三倍大。可能我们没有留意这种变化，但是当某一天突然发现原来还很不起眼的幼虫突然变得和母亲一样大的时候，我们就会大吃一惊了。

孵化期大概要持续15～20天，不用担心，这些营养足够维持这么长时间。粪蜣螂的卵因为不停地透过自己薄薄的表皮壁吸收外部蒸发的养料，所以当它们长成幼虫的时候就会很大，完全不是我们想象中的那样娇弱的小东西。观察粪蜣螂幼虫的时候，我发现它已经完全有了一只成年粪蜣螂的雏形，尤其是那个富有特征感的小抹刀，真的跟它的妈妈一模一样，它丝毫没有初来乍到的恐惧，在自己的小窝里幸福地扭动着自己胖胖的身体。我看见在粪球内壁上，有一些暗绿色的泥浆，有点像刚刚压制出来的土豆泥，呈半流动的状态。起初我认为这是粪蜣螂的母亲为了照顾自己孩子娇弱的胃而吐出来的食物，是新生儿的第一顿美味佳肴，但是当观察了几种食粪昆虫之后，我发现很多昆虫的粪球内部都会有这样的泥浆，于是我又想，这会不会只是一种普通的渗透，就像营养液渗透到过滤网内一样。为了证实我的这种想法，我拿小小的粪蜣螂幼虫做了一个实验。

　　首先我不得不承认，我做了一件有一点不忍心的事情——偷了一个粪蜣螂的粪球。我从饲养笼内把这颗粪球拿出来之前，它的主人甚至还在得意扬扬地欣赏着自己的作品呢。在粪球表面刮去一块，然后在这个地方戳一个大概一厘米深的坑，接着把一只粪蜣螂幼虫放在里面，也就是说，现在这只幼虫所处的环境中没有一点半流动状的暗绿色液体，不管是雌性昆虫吐出来的还是外界渗透的，我想看看这种半流动的液态物质到底是不是新生儿的必需品。事实证明我之前关于这是雌性粪蜣螂为自己的后代吐出的食物的猜测是错误的，这只粪蜣螂幼虫所处的环境中起初没有这些半流动状的液体，但是粪蜣螂幼虫并没有感到不安，慢慢地，粪球内壁上开始出现这种液体，这时候幼虫会比较容易找到它。实验告诉了我们一个事实，这种细腻的浆液并不是雌性食粪昆虫为自己的后代准备的，只是一种单纯的渗透而已，粪蜣螂幼虫的确很享受这种食物，但是它并不是必需品。

在观察这些小昆虫的幼虫的时候，我还发现了一个问题，那就是粪蜣螂幼虫的记忆是阶段性的，让我得出这个结论的实验是，我把一只小的粪蜣螂幼虫的粪球顶部捅了一个小洞，大概只有几毫米见方，之后立刻就有一只小虫子慌张地探出头探查情况，然后不安地回到自己的窝中。我选的这只粪蜣螂幼虫还很小，没有随时随地分泌黏合剂的能力，我很想看看它是怎么处理这个问题的。这个可爱的小东西先用自己的大颚从粪球的内壁上拱下来几小块粪料，然后把它们一块一块堆在洞口，但是这样的修葺可想而知一点都不结实，只要我轻轻地摇晃一下，那些堆好的小粪块就会全都掉下来。但我并没有这样做，我想看看它接下来会怎么做，堆砌完屋顶之后，这个小家伙立刻跑到洞里猛吃，紧接着就开始努力地生产黏合剂，然后把这些黏合剂迅速喷到堆在屋顶的小粪块上，这样等到黏合剂干了之后，天花板就结实了。

但是当我选择一个"年纪"相对较大的粪蜣螂幼虫，它选择的就不是这种方式了。我同样把它的粪球顶部戳了一个小洞，然后等待着它的反应。同样，它也显得很慌张，这个成长阶段的粪蜣螂幼虫已经可以随心所欲地使用自己的黏合剂，于是它回到窝中，以自己的身体为转轴开始转圈，不一会儿，我猜它肯定积攒了足够的黏合剂，然后重新出现在屋顶的破损处，不同的是这次朝上的是它的抹刀。然后就有一股黏合剂喷到洞口的破损处，但是可能由于时间太仓促或是它太紧张了，制造出的黏合剂似乎质量不过关，水分太多了，而且分量又多，使得黏合剂一落到洞口的破损处就立刻向四周散开，很难起到补好洞口的作用。但是这只粪蜣螂幼虫一点都不气馁，一次又一次地向外喷射着"水泥"，坚持不懈的努力最终取得了成功，但是却耗费了大半天的时间。

其实它大可以向自己的弟弟妹妹学习一下，先用粪球内壁上的粪块把洞口补上，然后再在上面喷洒黏合剂，这样效率就高多了。所以我说，这类昆虫的技艺是有年龄性的，每个阶段的昆虫幼虫都有自己独特的技艺，或者说，每个阶段的昆虫幼虫只能掌握这个阶段的技艺。没有充足的黏合剂的时候，它们懂得先用累"砖头"的方法把洞口补好，然后再利用水泥黏合，但是等到它们有足够的黏合剂的时候，却又忘记了这种简单快捷的方法，只能耗费更多的时间和精力来完成破损处的修补。直到它们长成一只成年的昆虫，才会慢慢重拾并且熟练所有的技艺。我之所以有这样的结论，是因为之后的时间里，我又补充了一些实验来证明这个观点，除了这个目的，我还想知道，雌性粪蜣螂的母爱是针对自己这一个家庭的，还是针对整个家族的。

我实验室的饲养瓶里的粪蜣螂粪球都是十分规则甚至称得上是细致的，为了达到实验的效果，我在田野里选了几个外形和饲养瓶里的粪球完全不相似的粪球，这些外来的粪球看起来有些粗制滥造。表面并不光滑，外形也根本谈不上规则，由于我把它们运回来的时候埋在红色的沙土里，所以现在它们的外表是一层淡红色的硬壳。这样一来，跟在饲养笼的粪蜣螂所做的粪球就完全不一样了，这位机警的母亲很容易看出这不是自己劳动的产物，那么它会怎么做呢？

第一颗外来者被放进了饲养瓶里，然后我盖上了黑色的纸罩等待结果。大约半个小时后，我掀开了纸罩，原来正在专心守护着自己的粪球的粪蜣螂此时正在这颗外来的粪球上忙碌着，对于我突如其来的到访，它并没有像我想象的那样，惊慌失措地逃到一个黑暗的角落里，相反，它似乎没有注意到光线的变化，依然在自顾自地忙碌着。既然它不在意，那我索性更加安心地观察起来：它有条不紊地把我放进去的粪球外面的硬壳剥掉，然后再从这些剥掉的壳上扒下一些碎屑，搬运到被我捅了一个缺口的粪球的顶端，堆在洞口处，一点点堆满后就在上面喷洒上黏合剂，黏合剂干了以后，就变成结实的天花板了。速度快得有点惊人，前前后后大概只用了 20 分钟而已。事情到此并没有结束，雌性粪蜣螂继续忙碌着，屋顶修葺好之后，它又开始对这颗外来的粪球的全貌进行了修缮。首先把所有的硬壳都细细剥掉，然后对外形不规则的地方进行修正，有的地方曲线不是很明显，它会用自己的前足慢慢拍打，这一切之后，这颗外来的粪球几乎和它为自己的后代制造的粪球没有什么两样了。我很好奇雌性粪蜣螂是否因为自己的母性没有得到完全发挥才会对这颗外来的粪球进行精心的修补，于是我又放进了第二颗从田野里捡来的粪球，结果是一样的，这位伟大的母亲又以自己极大的热情改造了第二颗外来的粪球。值得一提的是，为了达到实验的效果，我在第二颗粪球上开的洞远比第一颗大，里面的小幼虫显然对这场突如其来的规模巨大的灾难很惶恐，它在洞内焦躁地转动着身体，大量地喷着黏合剂，若是真的靠它自己来修葺坏掉的屋顶，我想可能要用上一整天或者更多的时间吧。但是在雌性粪蜣螂的帮助下，只要一个下午，这个巨大的破洞就完全补好了，并且这颗外来的粪球的外表看起来跟其他两颗也差不多了。

我又放进了第三颗、第四颗、第五颗……一直到这个饲养瓶里再也放不下更多的粪球了，当然，我调整了每颗粪球放入的时间间隔，因为这位伟大的母亲是需要休息的。但是最终的结果是，饲养瓶里的雌性粪蜣螂修补好了所有我放进去的粪球，要知道，这是一个很庞大的工程，因为当最后粪球堆满了整个饲养瓶的时候，雌性粪蜣螂若是想从一颗粪球转移到另一颗比较远的粪球上，中间的路途无疑是一个令它头痛的迷宫，但是最终，它还是出色地完成了所有的工作。

也许读到这里，有人会开始为粪蜣螂无私的母爱所感慨，因为它甚至可以为别人的子女忙碌个不停，但是我要说的是，粪蜣螂的母爱的确很伟大，但却不是无私，因为它一直以为自己修补的是自己子女的粪球。以粪蜣螂的记忆来说，在幼虫时期它们就无法记住自己每个时期所掌握的技艺，即便是成年以后，它们的智商依然没有得到太大的改变。虽然可以同时使用堆砌和喷射黏合剂两种技艺，但是它们的智商还没有高到可以分辨得出哪颗是外来的粪球、哪颗是自己的粪球，所以在它们的印象中或者说在它们的思维里，它们修补的这些没有人看管的幼虫的粪球都是自己孩子的粪球。所以说，对于这些雌性粪蜣螂来说，粪蜣螂的后代中没有什么你的孩子或是我的孩子的区别，所有的幼虫都是粪蜣螂的后代，它们对这些娇弱的小东西都会承担起看护的责任，这是为了确保在自己很低的繁殖能力下粪蜣螂家族繁荣发展的一种做法。

但不论是智商不高还是出于责任，雌性粪蜣螂的母爱都是不可置疑的。每个雌性粪蜣螂在为自己的后代建造完城堡之后，还会搬运几个大粪块到地洞中，这不是给自己的食物，而是给后代在成长过程中的补给，也就是说，在看护自己后代的三四个月里，粪蜣螂是以一种绝食的状态存在的，但这种绝食并不是被逼无奈的，相反，是它们自愿的，它们一步也不离开，时时刻刻地守护着自己的孩子。也许有人会问：食物就在身边，为什么不稍稍吃一点？粪蜣螂搬进地洞的食物是准备平均分给自己的子女的，如果自己吃了，不管是多是少，自己的孩子就至少会有一个吃不饱，这不是它想要的结果。可能有人知道，母鸡在孵小鸡时，也会因为专心而有几个星期都不吃东西，但是小小的粪蜣螂却愿意从一个贪吃鬼变成一个整个季度都不吃东西的守护者，其对孩子的感情的确是让人感动的。

有时候我会不时地掀开饲养瓶上的黑色的纸罩，因为我好奇这位母亲这么长时间都不吃东西，那么它在做些什么？观察得到的结果让我很满意，解决了我的疑惑。每次我掀开黑色的纸罩的时候，几乎都会看见粪蜣螂在粪球上忙忙活活的样子，有的时候把曲线还有些不完美的地方继续修改得比较完美，这样才能最大程度上减少养料的流失；有的时候它用自己小小的前足把整个粪球修磨得更光滑细腻，很少会看见它在粪球中间打盹儿偷懒。当我掀开纸罩，它感觉到有阳光射进来的时候，不会再感到很不安，只是从它正在劳作的粪球上面滑下来，然后慢慢躲到一个光线不那么强烈的地方，或许是粪球堆里，或许是饲养瓶的角落。如果我在掀开纸罩之前把灯光调到一个比较暗的程度，那么我掀开纸罩之后，它甚至都不会停下手中的工作，就那么窸窸窣窣地忙碌着。

这位母亲真的很可敬，三四个月的时间里，没有伙伴，没有食物，它几乎时时刻刻地忙碌着，但是它却一直坚持着自己的工作。也许有的人会问：是不是我选的玻璃器皿使得它们即便不想做这份工作了也没有办法逃出来，当然不是，我没有一次看到这位母亲想试图逃脱这个环境，相反，它很沉醉于这项工作，或者对于它来说，更像是一个神圣的使命。它就这样安心地待在饲养瓶中守护着自己的后代，尽管这个几乎封闭的容器里没有任何危险可言，但是它还是警惕地修补着、打磨着眼前的粪球，还时不时地把自己的触角贴在粪球外壁上，探听自己宝贝的成长状况，然后再继续心满意足地忙碌着，直到里面的小家伙可以破"土"而出为止。

粪蜣螂守护的这个小东西到底是什么样子的呢？其实粪蜣螂幼虫的外形跟圣甲虫幼虫是差不多的。背部夸张地隆起，有一把灵活的小抹刀，也同样掌握修葺洞口的技艺。它的幼虫期长达一个月甚至一个半月，7月末的时候卵会孵化成金黄色的蛹，然后慢慢地变成醋栗红色，从头开始，然后是触角、前胸，最后是足，但鞘翅却是白色的。到了8月底，蛹就变成了成虫。成虫的外形会微微受到一些化学变化的影响，此刻它蜕掉了硬

110

壳一样的外套，鞘翅还是白色，但是中间掺杂了一些黄色；头部和胸甲还有足呈栗红色；肛门比胸甲红得还要鲜艳；腹部却依然是白色，这似乎是很多甲壳虫的共性——臀部染上颜色的时候，其他地方似乎还都是苍白的。再过半个月，粪蜣螂幼虫，不，此时它已经不再是一只小小的娇弱的幼虫了，此时的粪蜣螂胸甲变得更硬了，整个外表看起来都是黑黑的。它已经做好破壳而出的准备了。雌性粪蜣螂终于可以胜利地完成自己的使命了。

在田野里，这个时候开始大量地降雨了，但是我的饲养瓶里却不会有大自然的雨水。这场雨预示着充满炎热、尘土的燥热的夏天过去了，一些花朵开始绽放了，一切都显得生机勃勃。大雨过后，泥土就会变软，在地下洞穴里的粪球也会变得松软，这样，粪蜣螂就可以破壳而出了。但是现在问题出现了，我的玻璃瓶里没有雨水，这些小东西们开始焦躁起来，因为它们短短的足根本不可能摧毁这个牢笼。因为我还做了另外一组实验，就是不向玻璃瓶中浇水，最后里面的幼虫全都饿死在粪球内，成虫也死去了。所以我开始时不时地向玻璃瓶中浇水，没有几天，玻璃瓶中的小粪球就都软化了，里面的粪蜣螂历经了四个月的封闭，终于真正地来到这个世界上。雌性粪蜣螂在外面仔细探听着里面的动静，我猜适当时候它会打破粪球，帮助自己的后代来到自己的身边，尽管它曾经无时无刻不在保护这个粪球的完整，一点缝隙或是裂痕都要立刻修补，但是现在破碎的意义是不一样的，是这项任务的最后一步。但之所以说这一切是我猜测的，因为很遗憾的是我总是没有等到恰当的时机，没有亲眼看到它们帮助自己的子女走出粪球的那一刻，或者说，是因为这最后的时刻它变得更加谨慎，只要光线一射进，它就立刻停止自己手中的工作，也许它不想自己的努力功亏一篑。

最后一次掀开黑色的纸罩，我事先在玻璃器皿外面放了美味可口的"糕点"，然后细心地观察着。在母亲的带领下，这些小隐士们第一次见识了外面的世界，紧接着就对我事先准备好的食物发起了猛烈的攻击。粪蜣螂的子女只有三四个，最多的时候也只有五个而已，其中儿子的特征比较明显：角相对长一些，可是女儿就没有什么明显的特征。粪蜣螂的任务终于完成了，把自己的后代带到地面上后，它们的表现、态度就完全地发生了180度的大转变，对自己的子女们显示出一种冷漠的态度，但即便是这样，也不能让我这个见证者忘记它四个月里的辛劳。

粪蜣螂的母爱的确是伟大的，为了自己的子女，这么一个小小的食粪虫要放弃自己的乐趣，甚至放弃自己的食欲，整整四个月守在盛有自己子女的粪蛋旁，不停地忙碌，直到可以光荣地带着自己的子女走上地面，然后才开始自己的生活，尽情地享受寻找和品尝粪料的乐趣，尽情地做自己的事情，不用再时刻保持机警，累的时候也可以好好地休息。

真的是让人敬佩的爱，平凡而伟大。

第 4 巻

Book Four

第一章

树 蜂 的 问 题

　　樱桃树上生活着一只小个子天牛，它黑如炭精，这便是栎黑天牛。这种天牛家族中的小个子，也和神天牛一样具备靠啮噬树干维持生计的本领吗？如果昆虫的结构决定其本能的话，那么应该也能从它们身上找出这两种天牛的相似之处。一旦结果相反，本能就只是昆虫结构派生出来的一种特殊功能，那么本能就应该是千变万化的。正好我可以借此机会好好研究一下天牛幼虫的生活习性，了解一下在昆虫外形和身体结构不变的情况下，本能是否会改变。我不由得再次思索，是工具支配职业还是职业决定工具的使用；本能是身体结构的派生还是身体结构为本能服务。我为此疑惑不解，但是一株年迈将死的樱桃树为我答疑解惑了。

　　和神天牛一样，天牛科昆虫的幼虫期大多都是三年。栎黑天牛的幼虫期也有三年，下面的情况就是最好的证明。一株樱桃树树皮斑驳，看来似乎很有些年头。我用平铲将其树皮剥开，发现在树皮下寄居着一群昆虫的幼虫，有的体格弱小，有的身强体壮，此外还伴有一些蛹，它们就是栎黑天牛的幼虫。我劈开树干，再把它们劈碎，我惊奇地发现，树干内部无论什么地方，一只栎黑天牛的幼虫也没有，所有的幼虫都寄居在树干和树皮之间。它们在那里挖了一个迷宫，这个迷宫一头连接树木的韧皮部分，另外一头通向树木的边缘表皮。看上去，迷宫蜿蜒盘绕，理不清头绪，蛀痕紧密交织，纵横交错，有的地方窄如里弄，有的地方又豁然开朗。神天牛幼虫喜欢藏身于树干内部寻找自己的庇护之所并就地取食，而栎黑天牛幼虫以树皮为隐蔽只啮噬树干薄薄的外皮。这些现象表明，栎黑天牛幼虫的生活习性和神天牛幼虫的生活习性还是有区别的。

栎黑天牛幼虫以樱桃树为食，当它离开树的皮层，钻入树干内约两个拇指深的地方时，身后就留下了一条宽敞的通道，随后用完整无缺的树皮把通道口小心细致地遮蔽起来。这个宽敞的通道就是将来成虫逃出树干的出路，通道尽头的树皮像一道帷帐一样遮掩住路的出口。最后，幼虫在树干内部还为蛹挖了一个房间做准备。在进入蛹期之前所做的准备工作，正是两种天牛幼虫主要区别的集中体现。栎黑天牛幼虫房间的出口，首先会被一层纤维质木屑堵塞，然后又用一层矿物质的东西作封盖，但与神天牛的封盖相比则略小一些，接着在钙质封盖的凹面上覆盖一层厚厚的细木屑，这样壁垒就筑造成功了。这是一个橄榄形巢穴，长约 3 ~ 4 厘米，宽 1 厘米，房间四壁没有什么装饰，光秃秃的，这和以橡树树干为食的神天牛幼虫用木纤维作为绒毯来装饰房间不一样。两种天牛的房间封盖结构相同，都是矿物质且呈新月形。总之，无论从化学成分还是到类似栗壳的结构特征，两种天牛幼虫所筑封盖一模一样，除了大小不同，其他别无二致。据我所知，还没有其他天牛做得像它们这样天衣无缝。还有就是，我还想补充一下它们的共性，天牛的蛹室都是用钙质封板堵住的。在这里我还有必要提一个细节，幼虫在蛹期睡卧时头也是朝着门的，我想它们是不会忽略这个如此重要的细节的。

以橡树为食的神天牛喜欢居住于树干深处，以樱桃树为食的栎黑天牛则喜好居住于树木的表皮。在天牛幼虫变态以前所做的准备工作中，神天牛由树干深处爬到树表，栎黑天牛则由树表钻入树干之中。神天牛勇敢地面对危险，栎黑天牛则害怕地逃避躲闪，在树干内寻找自己的庇护之地。神天牛以木纤维为绒装饰居所极尽奢华，栎黑天牛则简约质朴忽略烦琐的布置。这样看来虽然说结构相似，可两种天牛的生活习性还是有着很大的区别。假如说工作结果相同，方式却大相径庭，那么看来工具并不能决定职业行为。这也是从两种天牛现象中得出的结论。

天使鱼楔天牛的幼虫居住于树干与树皮之间，它一般不往外爬而往里钻。在与树表平行、相距不到一毫米的边缘，挖凿一个圆柱形、两头呈半球状的洞穴，这样做完全是为了变态做准备。它们用木质纤维简单地布置了一下洞穴，没有门厅，入口处只有一大团木屑作壁垒。天使鱼楔天牛的成虫把堵在门口的木屑清除掉，就可以看见薄薄的树皮，接下来只需用大颚把树皮层轻轻地钻开就行。天使鱼楔天牛和以樱桃树为食的栎黑天牛同树而居，它善于模仿栎黑天牛的生活习性，在此我又看到了同样的现象，两种昆虫拥有相同的挖掘工具，却以不同的工作方式进行工作。

天使鱼楔天牛在樱桃树中生活，轧花天牛则生活在黑杨树上。虽说二者具有同样的身体结构组织和同样的挖掘工具，但是它们却属于不同种的昆虫。这是我在其他天牛那里找到的一些证据。我没有说非要选择谁，只是随着我的发现做了一些随机的描述。轧花天牛以杨树为食，它的生活方式与喜食橡树的神天牛有些相似。它居住在树干内部，蛹期快要来临时，在离树心约20厘米的地方，为进入蛹期挖一个洞穴，洞穴没有经过特殊布置，防御敌害的手段也就是一条长细木屑。临近蛹期时，它还需要向外挖掘一条长廊，长廊的出口畅通无阻，找些尚未凿开的树皮作为遮挡，然后重新返回用木屑作壁垒将通道堵住。一旦它需要从树干中逃走，只需要用足轻轻推开木屑，通道就在它面前畅通无阻了。假如通道出口还有一层树皮作窗帘加以遮盖，这树皮可谓轻薄柔然，只需用大颚轻松地将其除去即可。

青铜吉丁是吉丁科昆虫的一种，它栖居在黑杨树上，它的幼虫钻入树干内部取食。为了化蛹，幼虫在靠近树表的地方，建起了一个椭圆形的扁平居室。卧室前方是一个弯曲度不大的门厅，门厅的尽头有一层不到一毫米厚且完整无缺的树皮，此外没有设置壁垒也没有堆放木屑，再没有其他任何防御措施。卧室后面则是一条已经塞满木屑的长廊。一旦想要出去，吉丁成虫只需戳穿薄薄的无足轻重的木层，然后咬破树皮就可以来到阳光下。同天牛科昆虫一样，吉丁科昆虫都非常热衷于啃噬、破坏树木，无论是健康的好树还是病树残枝都无一幸免。它又向我重新演绎了一下神天牛和楔天牛的论证。

八点吉丁喜欢居住在户外的老松树桩里。这些老松树桩外表虽然十分坚硬，但是中间却非常柔软，像火绒一般松散。八点吉丁喜欢这柔软的、散发着浓郁树脂香味的生活环境，因此在这根老树桩里安居立业。为了完成变态，幼虫离开了中间的肥美之地，钻凿入坚硬的木层之中，挖掘了一些橄榄形略带扁平的洞穴，洞穴长 25 ～ 30 毫米，且长轴与地面垂直。一条宽敞的通道一直延伸到居室，通道笔直或略微弯曲，这是由于通道出口的位置不同造成的。它的通道出口有的设在树桩的横截面上，有的处于树桩的一侧。几乎所有的通道都是畅通无阻的，连用于逃生的通道窗口都是对外开放的。只有在极其特殊的情况下，开凿出口的工作幼虫才会留给成虫来完成。由于通道口的木层薄得可以透过光，因此，开凿出口这项工作一点都不难。成虫必须有一个方便的通道出口，这对于它来说是非常重要的。同样，对于蛹而言，防御用的壁垒对生命安全也是非常有必要的。于是，幼虫所用的木屑与普通木屑有着明显的区别，它是用咬得很细的木屑粉来堵住通道的出口。在通道底部，用一层木屑糊将幼虫蛀的扁平长廊和卧室分隔开来，这些都是幼虫分内的工作。通过放大镜我还观察到，它卧室的四壁还挂有一张很细的木质纤维制成的绒毯。啮噬橡树的神天牛已经为我们展示过这种以木质纤维为内衬的装饰方法，我认为无论是吉丁科还是天牛科昆虫，只要是在木栖昆虫中，这种情况还是很常见的。

九点吉丁与八点吉丁生活习性还是有区别的，九点吉丁所选的生活场所是杏树而八点吉丁所选的是老松树桩。九点吉丁幼虫胸部较宽，其他部位很是窄小，看上去像一条带子。在杏树树干内部它的幼虫开凿了一条非常扁平的长廊，这条长廊一般与树轴平行。接着，幼虫突然改变通道的方向，使它在距离表层三四厘米的地方，弯曲成肘形并通向树表。在身体的前方它开凿出一条笔直的通道，不是像以前那样弯曲不规则地前行，而是通过最短的路线前行。这是由于对未来敏感的预测，才使得它在实际施工过程中改变了自己的蓝图。吉丁幼虫为了未来的成虫，而突然改变了通道的结构工程，使得我再一次领略了它精准的预见能力。成虫身体呈圆柱形，因为身上的甲壳无法折叠，因此它需要一个与它身体形状一样的通道。而幼虫需要的是非常扁平的通道，这个通道顶部还必须使得幼虫背部得以借力，于是幼虫才改变当初的工作蓝图，按照新的要求来开凿通道。往日，幼虫开凿的通道，简直像一条裂缝，狭长且高度很低，也只适合它在树干深处漂泊不定的流浪生活。今天，重新改建后笔直的圆柱形通道，就算是打孔机也达不到它这样的精准程度。圆柱形的垂直通道与水平通道之间，很多时候是用一个半径很大的圆弧连接起来的，能让有坚硬甲壳保护的吉丁成虫畅通无

▲美丽的吉丁

阻地通过。它的通道出口则是沿直线以最短的距离穿透表皮纤维。通道的尽头是一条死胡同，离树皮不到 2 毫米，穿透这层完整的树板和外面树皮的工作就交由成虫来完成。当一切准备工作完成之后，幼虫就按原路返回，并用蛀咬下来的细木屑加固通道尽头的木窗帘。它回到圆柱形长廊的尽头，并在沿途用细木屑把通道完全堵住。在那里，它无须再精心布置自己的卧室，头朝向出口倒地而卧就行。

吉丁科昆虫中有一个小个子，喜好啃噬樱桃树，这便是露尾吉丁。它和那些喜欢从树干内部爬向树皮的昆虫有所不同，它喜欢由树表潜入树干内部。它的幼虫居住在树干和树皮之间，幼虫首先啃噬树皮之下的木头，挖掘成一个通道，并为通道口保留外层树皮作为帏帐。接着，它在树干中凿出一个竖直的井状卧室。最后，用不太坚韧的木屑将通道出口堵住，以便将来弱小的成虫能够毫不费力地离开洞穴。当蛹期来临时，这个小个子开始为将来和目前的需求而工作。这些工作都是为了帮助将来的成虫。幼虫用黏性液体将细木屑粘成一层封盖，它在井状卧室顶部花的工夫要比其他部位多得多。这就是它建好的蛹室。生活在樱桃树的树干和树皮之间的吉丁科昆虫中，要介绍的第二种就是铜点吉丁。虽然它是如此强壮，却不见它为蛹的工作花了多少力气。它的卧室是通道的延伸和扩展，而且只在卧室的地上简单地铺了一层漆。由于它对枯燥的工作很是厌烦，因此，它不挖掘木层，只是在树皮中挖掘一间陋室，甚至不挖开树皮，打开出口的工作还得由成虫亲自来做。每一种昆虫都有自己特有的工作方式，特有的职业技巧，昆虫们都给我们做了展示，仅仅以工具的因素来解释它们这种行为是有些含混不清的。当然我们也从这些细节中得出了一些重要的结论，我需要补充更多的细节，才能使我所研究的主题更加明确。因此，我决定再去走访一下天牛科昆虫。

松树桩天牛喜欢居住在老的树桩内，就像它们的名字一样。它的幼虫修建的通道，出口向外敞开着。在大约两个拇指深的地方，幼虫用一个大团粗木屑做的长塞子把通道堵住。接下去是蛹的卧室，它内部用木质纤维绒装饰过，呈圆柱形，扁平状。再往下就是幼虫制造的迷宫，消化过的木屑已经把这迷宫密密地阻塞了。我们再来看看出口的路线，出口有的在树桩的横截面，有的在树桩侧面。倘若出口在树桩的横截面，通道就一直延伸到横截面；倘若出口在侧面，起先通道与树轴是平行的，随后幼虫就细心地将通道弯成肘形，并以最短的距离通到外面。我还留意了一下，一旦整个通道畅通无阻，那么树皮也会被挖掘开来。

还有一种叫作绞天牛的昆虫，它喜欢居住在剥去皮的绿橡树圆材内。它和其他天牛一样，有相同的逃脱方法，相同的弯曲成肘形的通道，并同样是以最短的距离通向外界，同样是用木屑封堵住屋顶。不过只有一点我弄不清楚，那就是它的通道也像其他天牛一样穿透树皮吗？我不太了解的是因为它居住的圆材是被剥去了树皮的。还有两种天牛也很相似，蜂形天牛是英国山楂树的挖掘工，热带天牛是樱桃树的钻探者，它们修筑的出路也是圆柱形，而且被急转成肘形，在外端以剩下的树皮作窗帘，或是保留一毫米厚的木层为遮挡。卧室与通道之间被幼虫以密密麻麻堆积的木屑分隔开来，在离树表不远的地方，通道被扩张成蛹室。

通过上述例子，我总结出一个普遍的道理，那就是天牛科和吉丁科这些木栖昆虫的幼虫，为成虫修建了升天的路，而成虫只需要钻开薄薄的木层或树皮，或者清除木屑所建成的屏障，就可以重见天日。成虫与幼虫完全是颠倒的，有悖伦常。幼虫身强体健，且拥有强大的挖掘工具，不知疲倦地承担了繁重的劳动任务。成虫不想工作，贪图安逸，不懂技艺，整日游手好闲。幼虫用自己强壮的大颚辛苦地挖掘通道的洞穴，为成虫避免敌害的攻击，并使它不费吹灰之力就可以穿透挡板，引导它来到充满欢乐的阳光下，为它创造出无比舒适的生活环境。孩子本应该得到母亲温柔的呵护，过着天堂一般的生活，谁知却成了母亲的监护人。我不想再继续下去，再多的连篇累牍也只不过是重复早已经证明的结论罢了。

幼虫具有各种天赋，为了成虫任劳任怨地工作。耐力是成功的重要条件，它用持之以恒的耐力啃啮着通道，它开凿通道时的韧劲令我十分诧异，这对于体魄强健的成虫是办不到的。它预见自己的未来身体形态会变成圆形或是橄榄形，于是就在挖通道出口的时候，把长廊建成圆柱形或是椭圆状。幼虫知道成虫非常急切地想看看外边的世界，就把通道到出口的距离建得最短。幼虫把大把的时间都花在了在树中漫长而随意的征程中，而成虫却惜时如金，日子也是屈指可数，它必须尽快地见到光明。因此，它的通道尽可能短，障碍物尽可能少，很容易到外界去就行，但要保证自身的安全。幼虫一生大部分时间游历于树中，它钟情扁平而弯曲的仅容自己身体通过的通道。但也不完全是这样，一旦有更适合它胃口的木质，它也会歇歇脚，把那个地方挖大一点。而现在幼虫开凿规则、宽敞、短促的出口，并且弯曲成肘形通向外界。幼虫明白，一旦连接横向和纵向通道的接口转弯过急，成虫就无法通过。因为成虫身体庞大，僵硬不能够弯曲。因而，通道要建得像一个缓慢弯曲的肘形通向外界。对于从树干深处爬出来的昆虫，改变方向是很普遍的。倘若幼虫修建的卧室离树表近一些，工程量就不算太大；倘若卧室在树干深处，那么就得需要较长时间才能完工。在这种情况下，我产生了一种冲动，想要用圆规测量一下，那如此规则完整的弯曲弧线。

身披坚硬盔甲的成虫看上去非常强壮，这些家伙真的这么无能吗？为此，我做了些实验来求证我的疑问。我将手中收集来的各类昆虫的蛹，放入与天然居室一般宽度大小的玻璃管里，而且在玻璃管里我还用粗纸屑为它做了一层内衬，这就为成虫挖掘提供了一个强有力的支撑点。它们要钻穿的障碍物也是各式各样的。有因腐烂而变软的杨木塞，有1厘米厚的软木塞，还有正常木质的圆木片。逃亡开始了，大多数成虫都能轻易地穿过杨木塞和软木塞，这些障碍对于它们来说，容易得就好比是逃出时要钻透树皮窗帘或是钻开薄薄的障碍物一样简单。当然并不是所有的成虫，都通过了这些障碍。可是在圆木片障碍前，所有成虫无一生还，尽管它们一如既往的强大，但它们的努力与挣扎还是徒劳的。在这些实验里，无论是在我人造的橡树居室内，还是在仅用膜封住的芦竹茎中，无一例外，它们都尽数死去，即便是最强壮的神天牛，也在劫难逃。从上述实验可以得出，成虫非常缺乏力量，更准确地说是缺乏坚忍的耐力。

天牛和吉丁通道中的拐弯太短，用圆规根本无法测量，况且我也只是观察过天牛和吉丁开凿的通道，还缺乏足够的资料，因此在拐弯的问题上我在心里画了一个大大的问号。幸亏老天帮忙，让我有了意外的收获，我发现了理想的研究对象。一株死去的杨树，在高高的树干中，千疮百孔地被钻出了许多笔杆粗细的洞穴。这株杨树真是难得，枯萎了还依然植根于土壤之中。为了我的研究真是应该感谢它。

我把它连根拔起，运回家里，虽然树干还保持着原来的结构，但是已经变得松软不堪了，因为在其上面生长着一种叫杨树伞菌的真菌丝。昆虫蛀食了树干的内部，无数的肘形弯曲通道在树干里面，外层则还有十几厘米厚，所以保持了完好的生长态势。我用工具将其沿纵向锯开，用刨子将截面刨平。在树干的截面上，原先幼虫居住时留下的通道非常美丽，看上去好像麦捆。几乎笔直的通道相互平行，不断向高处延伸，并且呈弯曲的肘形缓慢展开，在树干中心，通道集成一束，然后发散开来，每一条都有一个通向树表的出口。这束通道在不同的高度像数不胜数的放射线那样向四周发散开来，并不是像麦捆一样只有一个末端。

这么好的研究对象使我非常高兴，每刨去一段树干，就能发现大量的弯道，这也大大超出了我研究的需求。这些弯道十分规则，终于可以用圆规准确地测量它们了。用圆规测量之前，我需先了解这些美丽长廊的建造者。这些居住在杨树树干里的居民，看来似乎有些年头了，树干里生长的伞菌菌丝就是明证，因为昆虫不会在有伞菌菌丝的树干里钻孔掘道，而且也不会以这样的树干为食。我曾发现一些死去的昆虫，骸骨上缠绕着一些真菌，这些成虫很可能是因为无法逃走而死在了树中。这些昆虫尸体被伞菌像又细又密的褛褓一样包裹起来，因此它们没有解体。缚在这些干尸身上的绑带下面，我发现了一种钻孔的膜翅目昆虫的成虫，它就是堂树蜂。而且，我还有一个惊人的发现，那些遗留下来的成虫，无一例外地被阻在无法同外界联系的位置。它们有的位于树中心笔直通道的末端，由于通道里有木屑的阻断而无法向开口延伸；有的位于弯道的开端，上面的木层未被钻开。所有这些由于找不到路的出口而遗留下的残骸，明确地告诉我们，吉丁科和天牛科昆虫从来没有试过像树蜂那样挖掘出口的方法。

树蜂幼虫一生都离不开树干的中心，不太受外界气候环境的影响，它在那里过着平静而安逸的生活。幼虫居住在长廊里，并用木屑堵塞住通道，只是在笔直的通道和还没有完全筑好的弯道交接处完成它的变态。树蜂的幼虫并不修建自己逃生用的通道，挖掘穿透树层的通道的任务由成虫来完成。这是我亲眼所见，下面我可以给大家讲述一下大致的经过。当树蜂成虫渐渐恢复了体力后，便挖掘一条穿透十几厘米厚木层的出路。我发现成虫所修筑的通道内并不是自己消化后的厚实木屑块，而是堆积在通道里松散的粉末状木屑。我发现的遗留在伞菌菌丝里的昆虫，大都是半路上失去力气死在途中的，所以它们前方根本就没有畅通无阻的出路。

　　在树干内尽情享受，安静休息后，幼虫会为未来的成虫提供所需的帮助，替它挖开出口吗？这个问题又迫切地摆在了我们的面前。成虫生命短暂，又十分急切，极其渴望想要逃离关押自己的黑暗牢笼，因此，也就不会由它来挖掘这个通道。然而，成虫又是十分清楚如何通往阳光之路的，为了早日离开黑暗的地狱去到光明的世界，它放弃了沿直线前进，而是选择了所有路线当中最短的那条。诚然，用圆规测量，确实是直线最短，但是对于挖掘者来说也许不是最短的。挖掘的长度并不是昆虫的全部，它也不是完成工作的唯一要素，它还必须要考虑到挖掘时要克服的阻力。影响阻力大小有不同的情况，比如，各种树木的硬度不同，则阻力大小就不同；挖掘木纤维的方式不同，如有些木纤维横向被撕开，有些木纤维纵向被撕裂，那么阻力的大小也会不同。由于阻力大小不能确定，为了钻透木层，可能会有一条曲线使昆虫的工作量减到最小。

　　我曾经利用我比较匮乏的微积分知识来寻求答案，看看阻力值是如何根据不同深度、不同方向而变化的。可是，一个简单的道理很快就把我辛苦的研究成果给颠覆了，微积分计算变量在这个简单的道理面前毫无用武之地。动物虽说不是数学家，但是它自身的条件支配着其他条件。它身体的力量和要穿越的环境的硬度决定着要行进轨道中的质点。由于成虫有坚硬的外壳，因此，它丧失了像幼虫那样身体可以随意转动方向的权利，它像极了一段坚硬的圆柱体。为了便于记述，我干脆就称它是一段不可弯曲的直圆木。

树蜂成虫被我比喻成一根直圆木，它的变态在离树干中心不远处完成。成虫头朝上方，纵向睡在树干中的通道内，但有时候也会头朝下，这种情况极其少见。成虫在身体的前方挖掘一个浅而足够宽的孔，使身体略向外倾斜，这全是为了满足它早日到外界去享受阳光。但这只是它完成的一小步计划，接下来它又开凿了同样的第二个孔，身体再次向外倾斜。总之，每一步小小的移动都伴随着身体向外略微倾斜，它利用小孔狭小的宽度向外倾斜的方向始终朝外，就像一根偏离了方向的磁针，在有阻力的情况下，匀速前进，以便恢复到原来的方向。就这样一个比磁针略粗的通道随之被挖掘出来。树蜂大概就是这样工作的，随着它不断地啮噬树干，在始终朝向外界光明这个磁极的引导下，树蜂倾斜着身体，朝着光明大踏步向前迈。

现在该来看看树蜂的轨道是什么样子的了。简单来说，树蜂的轨道是一条切角线恒定不变的弧线，这也正是圆周的特点。树蜂的轨道被分成许多均匀的部分，每部分所构成的夹角角度不一样，就像一条相邻切线之间的倾角一模一样的弧线。为此，我选择了二十来条通道，适合圆规检测，且通道长度足够长。我这样做就是为了要弄清楚，真实情况是否与推断相吻合，甚至我还用一张透明纸准确描出每条通道的图样。结果表明，推断与实际情况恰恰相符。有一些长达十几厘米的通道，树蜂开凿的通道轨迹与圆规的轨迹吻合得非常好，尽管有很微弱但比较明显的差距。这些差距与抽象理论的绝对精确不太相容，也许是因为没有料到这小小的差距而使人们不太高兴吧。

树蜂的通道上端沿一条水平或者略微倾斜的直线通向树表，下端同幼虫所挖的走廊相接。它的通道实际上就是一条宽敞的圆弧形拱廊，成虫在这宽阔的连接拱廊里自由转向。树蜂的身体原来与树轴平行，随之就慢慢转到与树轴垂直的方向。接下来，它开始挖掘最短的通向外界的笔直通道。倘若幼虫在蛹期的准备阶段就有方法定向，将头转向离树表最近的点，而不是转向与树轴垂直的方向，那样的话成虫逃跑起来就方便多了，只需要向前钻开并不厚的表皮即可。但是，只有幼虫才能准确地判断什么时机最适合，也可能是出于不堪重负的原因，所以，垂直通道在水平通道之前就早早竣工了。成虫通过宽阔的拱廊来转向是为了从垂直通道进入水平通道，一旦身体转向成功，成虫便直线向前一直挖到出口。它这样做所要完成的工作量是最小的，也确实是没有办法，在那样的条件下昆虫也只能如此。

树蜂坚硬的身体状况决定了它必须逐渐转动自己的身体方向，它不能根据自己的意愿随意地挖掘，它还得受到机械力的限制。下面我想从树蜂成虫起步点的角度来做一下评论。树蜂成虫可以以自己为轴自由地转动，它可以尝试不同方法，从不同角度凿木开路，以一连串的连接拱廊来随意转动自己身体的方向，不用非局限于某一个平面之内。它完全可以绕自己转动，将通道凿成螺旋形或是方向逐渐变化的环柄形曲线，没有任何阻力可以阻止它这样做。但是一旦这样做，结局就会很糟糕，它会迷失方向，这里试试，那边闯闯，长期的摸索终究也不会有成功之日，最后自己迷失在自己建造的迷宫里。

树蜂要想工作量达到最少，就必须使它的走道几乎总是在同一平面里，也只有这样，它才会无须摸索便可逃出升天。此外，倘若一开始就处在离心位置，那就会有多个垂直平面。在这里，穿过树轴垂直平面的一侧阻力最小，反之另一侧则阻力最大。其实，也没有什么阻力阻止它在其他平面上挖掘出口，只不过那样它的工作量就会介于最大和最小之间。树蜂总是拒绝采用这种折中的办法，它总是穿过树轴的平面，选择路径最短的一侧。简单地说，树蜂的通道在平面的两个区域中，通道穿过区域的面积要小一些，这也是由它的通道处于树轴和出发点之间决定的。所以，隐藏在杨树树干内的树蜂，虽然看起来笨拙不够灵活，但是它仍然能用最少的工作量逃出它那个蜗居很久的杨树干。

树蜂所在的平面和弧形通道是任何障碍物都无法改变的。之所以这样，是由于它的方向不容改变。一旦有必要，树蜂会啃噬金属，也不会改变身体的方向，背对着它所察觉到的靠近光线的地方。下面我们来看看这种昆虫的执着。在研究所所有记录昆虫的档案中有着这样的描述，如古幼树蜂钻穿弹药盒内的子弹；在格勒诺希尔的弹药库中，巨树蜂如法炮制地挖掘出路；在弹药箱中的树蜂，由于执着地执行自己制定的逃跑路线，便在铝块上凿洞逃跑，因为它断定最近的光明就在障碍物后面。

木栖昆虫是如何在黑暗的树干中导向开路呢？水手会利用手中的罗盘在浩瀚无边的海洋中寻找航向；矿工同样利用自己的专业罗盘在地下深处掌握方向、寻找矿藏的路径。那么木栖昆虫有自己的专业罗盘吗？辨别方向的罗盘当然存在，这是毋庸置疑的。无论是对于那些帮助成虫完成开辟出路的幼虫，还是对于那些必须自己开路的成虫，都是别无二致的。幼虫时期，它长期徘徊于弯曲、无序的迷宫，总是漫不经心地散步。现在树蜂必须找到最快速的通道，寻找光明的出口。为了达到目的，它拒绝再继续蹉跎下去，断然选择省力、平坦的路线。为了便于翻转身体，它将连接处弯曲成肘形，一旦垂直朝向邻近的树表层，它就沿直线钻向最近的树表。

在确定了树蜂也有自己的专业罗盘后，疑问又来了，那么它的罗盘究竟是什么样的呢？我还未拥有足够精准的感觉器官，无法推测是什么因素指引这些动物的方向。因此，这个问题还处在无法探知的黑暗当中。这很可能是因为我们的器官无法去感知另外一个世界，一个对我们来说是完全封闭的世界。就好比是麦克风的薄膜可以感觉到我们听不到的声音；我们在暗房里用肉眼无法观察到的事物，可以借助紫外线的摄录才能发现。化学化合物，精密的物理仪器，这些都超出了我们的感官所能感觉到的范围。在科学上我们无法探知，认为昆虫灵妙的生理结构也具有类似的才能，甚至超出了我们所能感知的范围，这么说是不是显得太过于草率？对于这个问题，没有肯定回答，至少有时候我可以摒弃我脑海里出现的一些错误观点，对此我也只是心存疑虑罢了。

昆虫的罗盘究竟是化学反应、热场效应还是磁场效应呢？关于它们我们还知道些什么呢？看来这些猜疑都不成立。在挺拔竖立的树干中，昆虫挖掘的通道不仅有朝向北面、终年处于树荫当中的，还有朝向南面向阳的一侧，朝着最靠近外界的地方打开出口。虽然背对阳光的树荫一侧温度不高，但是在朝向阳光的南面，同样也非常受昆虫的喜爱。难道说这是由温度决定的吗？我看不是。那就是由声音来决定的吧？我看也不是。在幽静的树干里不会有什么声音，况且来自外界的声响要穿透一厘米厚的树干也不会对它有什么影响。难道是重力因素在指引吗？因为我曾在杨树干中观察到头朝下爬行的一些树蜂，而且还没有改变弧线轨道，得出的结论也不是。

难道幼虫或成虫是通过树木的结构来辨别方向的？昆虫可能通过某一种方式，感知周围环境进行横向啮噬树层；它有可能又通过另外一种方式，感知周围环境进行纵向啮噬树层。就真的没有一种给钻孔工导向的因素吗？看来确实不存在，我可以观察到，在植根于土壤的树桩中，昆虫是根据光线的远近程度来挖掘通道的。它们有时则是通过拱形通道进行横向挖掘，并在树桩侧面开凿出口；有时是沿直线纵向向上进行挖掘，并在树桩横截面上开通出口。

那么它的向导究竟是谁呢？我无从得知。在研究三齿壁蜂如何走出蛰伏的芦竹时，我就发现了物理书所留下的空白，因而上述问题，也不仅仅是我第一个不能解答的问题。在无法得出答案的情况下，我认为是一种特殊的空间感觉能力，即自由空间感知力。当我从天牛、吉丁科昆虫和树蜂那里得到了无数的启发后，我不得不又求助于这个结论。我并非非要坚持讲述我这个答案，任何未知事物，无论用什么样的语言都不能恰如其分地表达出来。黑暗中的隐士知道通过最短的距离找寻光明，这就是无声的证明。我想所有信奉真理的观察家都会勇于承认。一批又一批的观察者，在用达尔文的进化论解释昆虫的本能无果后，才对阿纳夏格尔的思想有了深切的体会。为此，我对我的研究做了一个简练的总结，那就是我们曾经努力过。

第二章
隧 蜂 与 寄 生 蜂

隧蜂是蜂蜜的辛勤制作者，也许人们每天品尝着新鲜的蜂蜜却对隧蜂毫无了解，但这并无大碍。不过对这些没有历史的、卑微的隧蜂的探究确实让我们知道了一些奇特的信息。既然我们现在有空闲的时间，那就让我们来研究一下它们吧，因为这些隧蜂的确值得我们去了解。

比起蜂房里的蜜蜂，隧蜂的身材要修长苗条得多。在隧蜂这个庞大的群体中，各只隧蜂的体型和色彩都不同。在大小上，有的隧蜂甚至比一般的胡蜂还要大，但有的隧蜂与家蝇差不多大小，或者比家蝇还要小些。虽然隧蜂家族庞大，品种也十分繁杂，但是它们却有一个共性的特征，这个特征使得新手们对它们的研究有了着手点。在隧蜂背部的最后一个体节，也就是隧蜂的腹部尾端那里，有一条光亮的线盒纤细的沟槽。这就是隧蜂家族所有成员共有的标志，无论身材还是体色，这道沟槽就是隧蜂的共性特征。当隧蜂采取守势来防御时，它的螯针就会沿着这条沟槽向上滑行。除了隧蜂以外，其他的带有螯针的昆虫都没有这道特有的沟槽。

我的实验对象是三种不同类型的隧蜂，而且我与其中的两种隧蜂还是邻居，我与它们非常熟悉。它们每年都要光顾我的荒石园并且住下来，事实上，它们占领这块地方的时候我还没有到这里来。作为隧蜂的邻居，我可以每天都去看望它们，在这一点上，我是个幸运者。我小心地与它们相处，避免侵占它们的领地。我应该很好地利用与隧蜂之间的邻居关系。

我的第一个研究对象是斑纹隧蜂，它是隧蜂家族的代表成员。斑纹隧蜂有着优美的身材，就像黄蜂一样。它穿着朴素但不失优雅。它的腹部很长，在那里有一条淡红色与黑色相间的肩带所形成的环形条纹，非常漂亮。

斑纹隧蜂群体地在我的荒石园中采集修筑地道要用的泥土。它们所使用的泥土是红色黏土与细小卵石的混合体，这样的材料非常适合隧蜂所修建的工程。斑纹隧蜂修筑地道往往选择在坚实的土地里，这样可以有效地避免由于受干扰而发生垮塌事件。斑纹隧蜂群体中的成员数目并不是固定的，有时候多，有时候少，多的时候甚至达到一百来只。斑纹隧蜂的群落各自建立起自己的小镇，每个小镇之间互不干扰，各个群体独立地进行劳作。

每只斑纹隧蜂之间都是邻里关系，而不是合作关系。这样的关系让斑纹隧蜂的世界里弥漫着祥和安定的完美气氛。每只斑纹隧蜂都有属于自己的独立的房屋，任何一只斑纹隧蜂都不能擅自闯入进来，否则房屋的主人就会以猛烈的推搡来警告这位大胆的私闯民宅者，让它以屈服告终。确实，莽撞的行为在隧蜂中是决不允许的。

4 月是斑纹隧蜂为自己挖掘地道的时间。它们在自己的隧道中忙碌地工作着，很少会有隧蜂将自己的身体露出地面。这样一来，虽然斑纹隧蜂在地下进行着热火朝天的工作，但是在地面上看来却毫无热闹的迹象可言。工程浩大而不惹人注目，只会在地面上显露出一些小土丘。总体来讲，斑纹隧蜂的地道挖掘工程进行得非常隐蔽。

我用芦苇秸编织了一个小栅栏，用来保护斑纹隧蜂正在进行的紧锣密鼓的地道挖掘工程。我在小栅栏的中间放了一个警示的牌子，上面写着"禁止通行"的字样。这种做法可以防止过路人踩踏隧蜂努力修建的工程，我的家人也不会去那里。栅栏里面，斑纹隧蜂依旧挖着它们的地道。由泥屑所堆成的小土丘有时候会因为泥屑的下滑而震动起来，这时候位于顶端的泥屑就会沿着土坡滑下去。斑纹隧蜂在运输挖掘出来的泥土时也不会让自己的身体显露出来。

挖掘工程在 4 月结束，等到 5 月，斑纹隧蜂已经由挖掘工人转变为采集工人。阳光和暖地照在每朵鲜花上面，这是让所有生命欢愉的月份。斑纹隧蜂浑身铺满了花粉，我看到它们在小土丘上面飞来飞去，这时的小土丘已经变得像火山口一样。接下来我想要了解一下斑纹隧蜂的居所，我拿了铲子和三尖头，这是能够帮助我有效地进行探测的工具。斑纹隧蜂对于自己居所的布置会让我们采集到更多的信息。

隧蜂居所的前厅隧道大约有 3 分米长，直径差不多与粗铅笔相当。这条隧道的内壁并不光滑，因为光滑细腻的内壁在这里并不适用。相反，这条长长的前厅隧道表壁凹凸不平，斑纹隧蜂可以在这种高低不平的隧道里很容易地找到支撑点。这条前厅隧道循着由卵石碎屑合成的土地，尽量垂直地往里延伸，但有时候也显得弯弯曲曲。隧蜂母亲对于这条前厅隧道的全部要求就是能够让它顺利而快速地上下行动，所以粗糙的壁里比较合适。

在隧蜂居所的底部，每间小蜂房都以不同的高度横向层叠起来。这些是挖掘在大土堆里的椭圆形洞穴，大约2厘米，它的尾部是很短的细颈。细颈的口端逐渐扩大为一只双耳尖底瓮口，就像是一只用来做顺势疗法的小玻璃瓶，小巧精致。在地道里的任何东西都敞开着。与粗糙的前厅隧道不同，用来供隧蜂的孩子居住的房间则建造得精致细腻。在一间间小住所的内部，粉饰得非常亮丽光润，小巧细致的菱形标志泛着光芒，就连我们技艺最精湛的粉刷工看见了这样的住所都会心生嫉妒。这种精致的表层是由一种近乎完美的抛光技术制成的，这种抛光技术就是由隧蜂的舌头所完成。斑纹隧蜂的舌头就像是一把镘刀，这把镘刀通过有秩序的舔舐能够把室内抛得光亮。

还有最后的一道平坡，它在修建之前就有过粗略的加工，显得精致且漂亮。蜂房在没有储备食物之前，内壁上铺满了许多用大颚做出来的类似针孔的小洞。大颚通过颚尖来把黏土压得严实，然后往后推，使黏土中没有沙质的细粒。完成了的作品就好像由细粒状花边围成似的，而被磨光的那层则会与绳边很好地进行黏合。斑纹隧蜂通过对黏土精心的筛选，然后经过过滤、纯化和参拌，最终把它们小块小块地粘连在一起。

在隧蜂使用自己镘刀般的舌头进行抛光之前，它必须用自己的唾液使糊状的物质具有弹性，并且要等唾液干燥，因为干燥的唾液具有防水漆的功能。在下雨的时候，由于土壤的湿度能够使得小泥土制成的凹室在脱落后化为泥浆，而唾液的防水功能正好能够防止这样的危险发生。唾液涂层非常细腻微小，我们根本无法看到它们，而只是知道这层唾液的存在。但是我们看不见并不表示它的功能不显著。我在一个凹室内灌满了水，我看到里面的水没有一点渗漏的迹象，可见唾液的防水功能多么强大。

就像被漆了一层铅矿粉似的，小小的凹室一点也不漏水。陶瓷工用烈火熔炼各种矿物的方式来让陶器不漏水，而隧蜂则用它那镘刀似的舌头以及唾液来防水。幼虫有了这层防水保护层就能够安心舒适地躺在自己的槽室内，即便外面正下着倾盆大雨。其实这层唾沫涂层也容易被弄下来，只要我想，我就能够用破布将防水膜隔开。我们可以把挖了蜂房的那个小土块的底部放在水中，让水把这个土块渐渐地融为泥浆，然后我们就可以拿刷子的尖部开始清扫泥浆。当然清扫时必须仔细小心，因为只有这样才能让那层唾液薄膜脱离它粗糙的外表。唾液涂层非常纤细，无色透明。假如蜘蛛所织成的不是网而是布料，那么只有蜘蛛的布料才能够与这层唾液薄膜相媲美。

通过观察，我发现斑纹隧蜂修建自己的居所是一项比较浩大的工程，要花费很长的时间。隧蜂首先要做的是在黏土地上挖出一个巢穴，这个巢穴要求呈椭圆弧形状。这项工作虽然进行得粗糙但困难仍然存在，因为它需要用狭窄的细颈来完成，这个细颈刚刚能够让挖掘器械通过。隧蜂在挖掘时把自己长着小爪的跗骨作为耙，而把大颚当作镐。挖出来的泥土在很短的时间内就堆积起来，形成一个土堆，占了不少地方。隧蜂把这些泥屑集中到一起，然后让自己的身子向后退，而前爪合拢起来放在土上。隧蜂把泥屑通过通道一点一点运到上面，土堆逐渐堆得很高。

隧蜂的第二项工作是对居所进行细致的装修，这些工作犹如陶瓷工的工作，其中包括壁里的细粒状轧花绲边、用质地好的黏土修筑的毛粉饰涂层、用镘刀般的舌头对各个部位进行的抛光工作、唾液防水薄膜以及双耳尖底瓮口。所有的程序都需要达到几何学般的精确程度。在封闭蜂房的时刻到来之前还需要做一个塞子，用来关闭房门。

隧蜂幼虫房间的完美程度让它看起来根本不像是临时修筑的，也不可能随着成熟的卵脱离卵巢。隧蜂在 3 月末和 4 月的时候进行修建房屋的工作，这个季节气温比较低，隧蜂在这个时候就一直做这件事，因为等到下雨的季节来临时，这样的活儿就干不了了。隧蜂母亲耐着寂寞独自做着这项工作，它花费大量的时间和精力来为自己的孩子建造精美的房间。

气候宜人的 5 月到来了，各种生命重新焕发出活力。百花争艳，草坪碧绿。蒲公英成千上万地盛开了花朵，层层叠叠。雏菊、萎陵菜与羊日花也同样不甘示弱。就在这个优美的季节，隧蜂的房屋修筑工程已经完成得差不多了。在把食物存储到房屋内之前，隧蜂还要进行细致的勘察工作，可见准备工作之漫长。不过这样的工作排序十分正确，因为把小屋先修建完整能够让隧蜂母亲在日后收获和产卵时无须再干修筑的活儿。

没有隧蜂居住的房屋显得非常空荡，将近一打的蜂房已经修建完毕了。

蜂类昆虫在盛开的花朵上尽情地玩耍着。隧蜂的爪子被花粉沾满了，它的嗉囊中也因充满了蜜而膨胀起来。隧蜂在返回小镇的途中几乎是掠着地面飞行的，飞得很低。在返回小镇的旅途中隧蜂有时候也会迷路，这好像是由于弱视造成的。它在突然间拐弯，身体摇摇晃晃，历经重重困难之后才在村子的那些茅屋中间找到了回家的路。

小镇里的土堆非常多，一个个儿都相互挨着，很难分辨。不过隧蜂却能够很轻易地就认出自己的土堆，因为每个小土堆都有特殊的标志。隧蜂一边飞行一边寻找着自己的土堆，最后终于找到了自己的居所。在找到房门之后，隧蜂将自己的爪子放在门槛上，之后便让身体迅速地钻到洞中。回到巢穴中的隧蜂把自己采集来的花粉卸下，然后再把身子翻过来，把嗉囊中的蜜吐在土堆上。隧蜂的这些工作与其他的蜂类昆虫并没有什么区别。之后隧蜂又重新飞回到花丛中采花粉，这样的重复工作要做好几次，直到自己蜂房中的食物足够食用。

接下来是制作糕饼的时间，隧蜂母亲掺拌着蜂蜜揉搓面团，制作丸状的食物。隧蜂制作糕饼的方式虽然节俭，但是却非常细致有层次。如果将这个糕饼比作我们所食用的面包，那么与面包所不同的是，隧蜂所做的糕饼外层相当于我们的面包心，而里层则相当于我们的面包皮。也就是说，越往外面，糕饼越好吃。这种制作糕饼的方法也是按照隧蜂幼虫的成长发育制定的。当幼虫还处于体质较弱的时期，它就啃食外面的柔软部分，这层糕饼是由含蜜的粥状物制成的；当幼虫长大后，它就有足够的力气吃到里层的东西，这层糕饼是用干燥的花粉做成的，也是最后的食物。

食物制作完成后，一般蜂类昆虫所要做的事就是把房屋封闭起来。无论是条蜂、墙石蜂还是其他的一些小昆虫，它们在把自己的房屋堆满食物之后就开始产卵，最后把房间紧闭，日后就不需要再回来进行看管了。不同的隧蜂种类有自己独特的方法。隧蜂的蜂房中堆满了丸状食物，我看到一只卵横卧在隧蜂母亲制成的丸状食物上。每粒圆面包上面都爬着一只卵，这只卵弯曲成弓形，横着卧在食物上。蜂房与进入蜂房的隧道连通着，这样的布局能够让隧蜂母亲很容易地上下飞行。它每天都能够回家看望自己的孩子，了解自己家中发生的变化，而且自己手头上的工作也不至于贻误。隧蜂母亲可能时而还会运送些食物到蜂房中去，因为类似面包心的食物看起来非常稀少。不过这只是我的猜测而已。

像泥蜂这样的膜翅目昆虫，它们喜欢把食物按照份数留给孩子们吃。为了能够让自己的孩子吃到新鲜可口的美味，泥蜂母亲每天都会把幼虫的容器填满。隧蜂的食物比较容易储存，隧蜂母亲能够在幼虫食欲最旺盛的时期根据需求把植物粉末运送到家中。除了这个原因，我找不到保持蜂房与外界畅通无阻的其他原因。隧蜂幼虫由于得到母亲精心的照料而成长得很快。等到幼虫将要转变为蛹的时候蜂房就被关闭了。隧蜂母亲用一个由黏土制成的盖子堵在喇叭形状的口子上。之后隧蜂母亲就不再管自己的孩子了。

以上我们看到的是隧蜂家族中和谐温馨的一面，但是在温暖的同时，隧蜂也会遭到其他昆虫的骚扰。这种入侵者就是寄生蜂，它们会对隧蜂家族进行疯狂的抢夺。在5月的每一天，上午10点左右的时候，我坐在椅子上观察隧蜂居住最为密集的小镇。我弯着背，把手臂放在膝盖上面，静止不动。我保持着这个姿势直到中午吃饭时。这时候我发现一只寄生蜂，虽然在我眼里它显得那么微不足道，但是对于隧蜂来说，寄生蜂可是个残暴的侵略者。

我不知道这种寄生蜂叫什么名字，它们应该是有名字的。不过我认为名字并不重要，我也不愿意把大量的时间浪费在对寄生蜂名字的咬文嚼字上。只要我把它们的习性叙述得合情合理，我想这种描述比冗长而枯燥的专业名词要明确多了，也更受人们的青睐。我相信对于这只妨害隧蜂的家伙，只用几句话就能将它的体貌特征描述清楚。这种寄生蜂的身长大约有5厘米，它属于双翅目昆虫的种类。寄生蜂的脸孔呈灰白状，眼睛是暗红色的，前胸也比较灰暗。它的爪子是黑色的，灰色的腹部下端逐渐变为白色。寄生蜂的身上还长着黑色的斑点，总共有五行，斑点很细小。这里也是寄生蜂尾部纤毛长出的地方。

寄生蜂躲在自己的洞中等待着隧蜂回家，它们成堆地聚集在坑洼中。在阳光的照射下，我看到了满谷满坑的寄生蜂。隧蜂在采集花粉后把自己的爪子染得很黄，这个时候寄生蜂就开始跟踪隧蜂。隧蜂在返回自己家的途中迂回，寄生蜂也穷追不舍。直到隧蜂这只膜翅目昆虫钻进自己的房子，寄生蜂这只双翅目昆虫也同样地落在隧蜂的房门口。寄生蜂在那里保持静止，等着隧蜂再次出洞。

隧蜂再次出来的时候也在自己的房屋门口停留着，它的胸和头部都露在洞外。两只蜂相互对峙，互相观察着对方，一动也不动，它们之间隔了一小段距离。从隧蜂的举止来看好像它对这位入侵者并没有太大的兴趣，寄生蜂也并没有因自己的侵略行为受到隧蜂的反攻。寄生蜂在隧蜂面前显得十分渺小，隧蜂只需要用自己的一只爪子就可以将寄生蜂踩住。不过寄生蜂在强大的隧蜂面前保持得相当镇定。隧蜂并没有意识到自己的家庭将要遭受一场侵袭，而寄生蜂也没有表现出任何惧怕的样子。看来我等待寄生蜂表露害怕的情绪是一种浪费时间的做法。两只蜂依旧相互对望。我不知道隧蜂为什么会表现得如此自如，这是愚蠢的表现吗？只要它愿意，就可以用它那强大的爪子将对方的肚子弄破。它也可以用自己的大颚把眼前的寄生蜂钳得粉碎，把它的身体刺穿。但是隧蜂并没有这样做。

由于通往蜂房的道路非常畅通，所以等到隧蜂再次出去采集花粉的时候，这只寄生蜂就开始肆无忌惮、毫无阻碍地进入隧蜂的房间进行偷食。寄生蜂有着准确计算时间的能力，它能够估算隧蜂回到洞中的时间，因此偷食活动显得更加猖狂。寄生蜂还会在蜂房中产下自己的卵，没有什么东西会打扰它。隧蜂在外面干活儿需要的时间比较长，因为把爪子沾满花粉以及把嗉囊装满蜜都是耗费时间的事情。寄生蜂也因此能够在蜂房中停留更长的时间。等到隧蜂返回到自己家中的时候，这只偷食的寄生蜂早就消失得无影无踪了。不过它并没有走得太远，它就躲在不远处，还等着隧蜂再次出洞后重新进入蜂房偷吃。

假如寄生蜂在偷吃的时候被隧蜂发现了，那也不会遭受到什么严重的后果。我亲眼看见一些胆子较大的寄生蜂在隧蜂还停留在蜂房的时候就尾随着进入到里面。这时隧蜂正在用花粉和蜜制作丸状食物。寄生蜂在这时并没有机会上去抢夺食物，所以它再次飞到洞口，等待隧蜂出去采花粉后再进入洞中偷食。寄生蜂看起来非常平静，没有任何受到惊吓后表现出来的行为。可见它们刚才在蜂房中并没有遭受到隧蜂的攻击。隧蜂驱赶寄生蜂的唯一行为就是拍打一下寄生蜂的颈项，这也是在遇到那些过于胆大妄为的家伙的情况下才有的举动。两只蜂之间根本没有过激的争斗行为。寄生蜂从蜂房中出来后仍旧在门口镇定地待着，它的身上完好无损，没有任何受伤的迹象。

　　隧蜂在返回自己家的途中总是采取迂回前行的方式，无论这只隧蜂是否采集有花蜜。它时而向前飞行，时而又会后退，总是在犹豫一小会儿后突然地快速飞走。飞行的路线蜿蜒曲折，几乎是贴着地面前行的。隧蜂的这种无序混乱的飞行方式让我想到一个问题，它会不会用这种飞行方法来迷惑跟随在后面的寄生蜂呢？假如它这样做真的是为了迷惑寄生蜂，那这的确是一个谨慎的举动。事实上，隧蜂并没有如此聪明的头脑。

　　隧蜂之所以会迂回前进，是因为它要考虑如何才能正确地返回家中，它经常迷路。隧蜂聚集的小镇上堆满了小土堆，隧蜂在这些零乱的土堆中寻找属于自己的那个，因此它会变得犹豫不决。而且小土堆会因为塌陷而变得一天一个样貌，所以隧蜂在辨认的时候困难就更大了。游来游去的隧蜂每隔一小段时间都会消失，直到它认出属于自己的那个小土堆之后就快速地钻进自己的洞中。这时候寄生蜂就停留在门槛上，把头部朝向洞的入口，等着隧蜂出去后进去偷吃。

等到隧蜂准备出洞的时候，寄生蜂就会让自己的身子略微地向后退一下。这样一来，隧蜂就能够顺利地飞出洞口。两只蜂在洞口的相遇显得是那么平静和谐，以至于假如没有情报员透露消息，大家根本都不知道隧蜂就是寄生蜂的牺牲品。隧蜂在洞口突然现身不但没有吓到寄生蜂，相反，寄生蜂对隧蜂的出现表现出了一副不理会的神情。若是这个不劳而获的家伙在空中将隧蜂追逐，那么隧蜂就会来个急刹车，然后猛地飞走。

同隧蜂甩掉寄生蜂的方法一样，被弥寄蝇追逐的泥蜂或是其他的猎捕昆虫者也会采取同样的方式。泥蜂并没有因为受到弥寄蝇的骚扰而感到烦躁，相反，它以平静的方式对待出现在自己家门口的偷食者。然而与寄生蜂不同的是，弥寄蝇不敢随意地闯到泥蜂的蜂房中去。它只是谨慎地徘徊在泥蜂的洞口，等待泥蜂出去以后再潜入蜂房。等到猎物即将消失的时候，它就会把卵贴上去。

但是寄生蜂在隧蜂那里却没有这么容易。由于隧蜂在回家的时候把花粉涂在了自己的爪子上，把花蜜装在嗉囊之中，因此寄生蜂很难靠近蜜，而且花粉也没有固定的支撑物。此外，隧蜂来回往返于花丛与自己的家中，囤积原料来制作丸状食物。等到拥有足够数量的原料后，隧蜂就会用自己的大颚把这些东西进行搅拌。然后用自己的爪子把它们揉捏成丸状的食物。如果寄生蜂这个时候出现在隧蜂的蜂房中，很可能会被隧蜂连同原材料一起搅拌到食物中，处境非常危险。

但是为了能够让自己的卵待在隧蜂的蜂房中，寄生蜂还是会冒着生命危险进入蜂房。寄生蜂这种大胆的行为让人无法想象。就算是隧蜂还在蜂房中工作，寄生蜂也敢于闯入。它会把自己的卵放置在丸状食物上面。而隧蜂这个时候却对寄生蜂的行为无动于衷，听之任之。隧蜂的这种不管不顾的态度或许是因为胆小，也可能是由于愚笨，或者是对寄生蜂的忍让。

其实，寄生蜂胆大妄为的行为并不是为了它自己，而是为了它的子孙后代。寄生蜂进入隧蜂的蜂房后会很有节制地吃一点食物，但是并没有以危害隧蜂为目的。寄生蜂只需要食用一点东西就能够让自己的生命维持下去，所以它所偷食的食物并不会很多。这与小偷的行为相比花费的气力小了很多。寄生蜂下到蜂房中有着比偷食更重要的目的，那就是去安顿自己的孩子。

在挖掘由花粉制成的食物的时候，我发现了大量被弄碎了的食物。一些黄粉撒在了蜂房的地上，有两三只蛆虫在上面扭动。这些蛆虫正是寄生蜂的子女。隧蜂的孩子有时候会和寄生蜂的子女混住在一起，但是因为隧蜂的孩子不吃东西，导致它们的身体得不到营养，很快地就在羸弱中死去。死后的尸体就成为寄生蜂子女的食物，它们和其他的食物混杂在一起。其实寄生蜂的子女也没有抢尽隧蜂孩子的食物，只是吃掉了最为优质的那一部分而已。

在自己的孩子正遭受厄运的时候，隧蜂母亲在做什么呢？它只要把自己的头放在隔巢的细颈那里就能够把蜂房中所发生的事情看得一清二楚。只要它愿意，它随时都能够进入蜂房中探望自己的孩子，把捣乱者弄死或者是赶出自己的家门。然而隧蜂母亲却无动于衷，这使得寄生蜂的子女更加肆无忌惮地欺负隧蜂的孩子。

比起这件事，隧蜂母亲更为可笑的行为还在后面。蛹期来临时，隧蜂母亲会把自己的蜂房关闭，那些被寄生蜂洗劫一空的蜂房也同样会被关闭。这种做法对于保护蜕变的隧蜂来说是极其有用的。然而让人无奈的是，当寄生蜂从那里穿过后，隧蜂依旧会将蜂房关闭。这种行为实在是与逻辑相悖，不合情理。因为这样的蜂房早就被寄生蜂吃得精光，而且狡猾的寄生蜂蛆虫也会在房门关闭之前逃走。好像寄生蜂的蛆虫有着苍蝇没有的预见能力，因为苍蝇在不久后就会遇到一张无法穿越的障碍。寄生蜂在这方面却非常狡诈，它们担心年幼的孩子会在蜂房被关闭后受到监禁，于是都提前离开了。虽然蜂房里有着很好的防水涂层，对于隐居者来说非常适合。寄生蜂绝不会在这里多逗留一秒钟，它们最终会分散到井巷周围。

根据寄生蜂虫蛹的这种习性，我在寻找它们的时候不会到蜂房中去，而是在蜂房以外的领域进行搜罗。我看到它们都在黏土里，这是从蜂房中迁徙出来的寄生蜂为自己搭建的房屋。等到春天来临的时候，它们就可以轻易地从倒塌物中钻出去。

除了上面所说的一种原因之外，促使寄生蜂搬迁的原因还有另外一种。寄生蜂只会产一次卵，7 月时，这些后代正处于蛹的状态，它们等着第二年春天的时候发生蜕变。但是隧蜂却在 7 月份的时候进行第二次产卵，它们在产后会重新回到小镇上干活儿。第一次生育前所修筑的蜂房保持得很好，所以这次隧蜂的工作就会少很多，也轻松很多。它只需要将原来的蜂房稍微地进行装饰就可以了。不过，隧蜂这种昆虫是非常爱干净的。假如它在清扫蜂房的时候发现了寄生蜂的虫蛹，那么接下来会发生什么呢？显然，隧蜂会把这些蛹当作废弃物清理掉，它会用自己的大颚把这些蛹弄得粉碎，然后扔到外面的泥屑中去。这样一来，寄生蜂的虫蛹就会在外界受到磨难，最后死在泥屑中。

我对于寄生蜂迁移的行为非常赞赏。它们居然能够为了长远的打算而牺牲掉眼前的利益，我很是佩服。假如它们没有在恰当的时刻离开蜂房，那么就会死于非命。但是聪明的寄生蜂选择了离开，它们避开了两种危险：第一种是像苍蝇一样被关在小匣子里；第二种是被隧蜂的大颚弄得稀巴烂。

6月是查看寄生蜂最终归属的时候。我们一行四个人对隧蜂所居住的小镇进行了一次全面的探查。我们用指头在挖出的泥土中搜寻。第一个人检查过后再由后面的人继续检查，丝毫没有放松过。这里总共有五十多个巢穴，我对地下所发生的灾难非常清楚。然而让我们倍感失望的是，连一只隧蜂的蛹都没有找到。隧蜂的领地全部被寄生蜂侵占了。相反，寄生蜂的后代倒是繁衍得非常兴旺，所有的地方都堆积着它们的虫蛹。我将这些蛹收集起来，为的是更好地观察它们成长的过程。

寄生蜂的虫蛹呈褐色的小筒状，它们在一年之后并没有什么动静。这是包含着潜在生命的小筒，刚开始蛆虫在蛹里变硬、收缩。就连烈日当空的7月都没能让它们苏醒过来。同样是在7月，隧蜂开始生育自己的第二代。刚好这个时候是寄生蜂休工的时节，这对隧蜂后代的繁殖大有益处。假如在隧蜂繁殖第二代的时候寄生蜂仍旧拼命地进行抢掠，那么隧蜂就难逃灭绝的厄运了。寄生蜂的暂时休工使得一切都恢复了正常。隧蜂与寄生蜂的行动日期协调得多么好啊。当斑纹隧蜂在荒石园中四处寻找挖掘洞穴的合适地点时，寄生蜂则已经在孵化了。然而这样完美的日期协调又显得非常可怕。当隧蜂开始活动的时候，寄生蜂的准备工作也做好了。一场抢掠的战争即将上演。

关于战争，假如只发生在个别族类身上，那么人类肯定不会花那么多的时间去思考它。因为一只隧蜂的生死与世界的和平并没有什么紧要关系。可惜的是，战争已经成为几乎所有生命得以生存下去的手段，它俨然已经成为终生存活的一条规律。无论是低级动物还是高级动物，都是如此。人是最高级的动物，这种等级原本应该让人脱离残酷的战争，与动物们相区别。但是人们却说出了这样的话："做事嘛，就是把别人的钱归为己有。"就好像寄生蜂说"做事嘛，就是让隧蜂的蜜归我所有"是一个道理。战争是人类为了更好地进行烧杀抢掠所发明的一种手段，它让大规模的杀人看上去十分光荣，让大规模的杀人变成了艺术。假如杀人的规模过小，那么杀人者就会被绞死。

假如只有人类之间会发生战争，那么战争很有可能在未来被和平所代替。因为人们拥有较高的智慧和阔达的心胸。然而就连渺小的虫子之间也会发生战争，更可怕的是，这些虫子并没有任何智慧，它们的行为根本不会受到理性思维的制约。看来战争开展于芸芸众生之间，它无法彻底清除。让我们担忧的是，今后的生活还会像现在一样，在永无止境的杀戮中度过。

礼拜天在村子里的小教堂中所歌唱的梦想将永远只是梦想，它永远不会实现：至高无上的荣誉归上帝所有，而尘世间的善良人们则拥有和平。

战争的频繁发生让人们不得不付诸想象，想象出一个玩弄宇宙于股掌间的巨人。他是正义和权力的化身，他有着超凡的力量，无法抗拒。这个巨人对地球上所发生的一切了如指掌，战争、杀戮、纵火、无理的胜利等等，他通通知晓。就连我们的炮弹、鱼雷艇、炸药、装甲车和一切能够致死的机器他都了解。他甚至知道上帝所创造出来的最小的生物间也存在着这样那样的残酷竞争。

假如这位拥有无穷力量的正义化身把地球放在他的大拳头下，他会有怎样的举动呢？他会把地球砸得稀巴烂吗？不，他会犹豫，他不会将地球砸碎。他只会遵循万物发展的规律，让地球自生自灭。他会告诉自己说："古时候的信仰并非没有道理。现在的地球只是个被蛀虫咬过了的果核，地球还没有开花，它还只是处于粗胚的状态。我相信一个拥有秩序和正义的地球最终会来临。现在的地球只不过是迈向未来那个地球的阶梯而已。就让我们顺其自然吧。"

第三章

树 莓 桩 中 的 居 民

道路上长满了荆棘，修剪篱笆的农夫把树莓的藤蔓剪下。茎干枯后只留下了膜翅目昆虫喜欢的树莓桩。这里极卫生，不必担心潮湿的树汁。树莓桩的髓质柔软，容易挖掘，而且可以直接从桩头挖起。因此，许多膜翅目昆虫遇到这种干枯的茎桩，只要大小合适，就会毫不犹豫地在里面安身。对于一个昆虫学家而言，这样的发现是有研究意义的。当冬天修剪篱笆时，手握剪枝剪，随意一剪就能剪下有许多叹为观止的精妙工艺的柴火。长久以来的冬天，我总是喜欢在浓密的树莓丛中打发时间。为了得到不为人知的事实，我宁愿付出皮肤被划破的代价。

虽然我的记录并不完整，但是我家周围的树莓丛中有的昆虫，记录在案的有 30 多种；有些更勤奋的观察者记录下来 50 种。这些昆虫凭借不同的天分，从事不同的职业。有些灵巧的昆虫擅长把干枯的树干里的髓质挖出来，然后把这截管子用隔板分成数个隔间，作为幼虫的卧室。有些技术和力量都不太行的昆虫利用别人丢弃的房子，把茧屑、坍塌下来的碎地板扒掉，修理这所破房子，最后用黏土或者自己制作的水泥来当作新隔板。

要区分这两种住宅是一件容易的事情。那些亲手挖制的巷道非常节约空间。巷道里的每间房间的大小都一样，刚好够住。既能住下尽可能多的昆虫，又要给幼虫留下足够的空间。这要耗费昆虫大量的体力，毕竟是整整几星期的勤奋劳动。所以，一切空间的安排都遵照规则。但是那些利用别人房子的膜翅目昆虫，就大肆浪费。比如制陶短翅泥蜂为了给自己的蜘蛛找个仓库，就把借来的大房间用黏土作隔墙，分为几个小房间。这些房间有的有一分米长，适合给幼虫住；有的长达两法寸，真是大小不一。可以看出来这个不费吹灰之力得来房子的户主根本不爱惜这房子。无论房子是自己建的，还是后来借过来的，昆虫都有自己的寄生虫。这些寄生虫不仅不用自己挖掘房间，不用储备粮食，甚至把卵产在别人的房间里，心安理得地吃业主的粮食和幼虫。

在树莓桩中的所有居民里，要数三齿壁蜂的房间最精美，规模也最大了。这一章里，我会以它为主要研究对象。它的巷道深约一肘，内径有一支铅笔那么粗。巷道最初差不多是圆形的，但是由于后来不断修整，稍微有些改动。但是它们挖洞也没什么好看的。炎热的 7 月，三齿壁蜂在一节树莓上挖竖井，不断深入进去，背着大块的髓质出来，除非它碰到一块挖不动的木疤。

壁蜂从洞底到洞顶会做出一个一个的房间，用来储蜜、产卵和当蜂房。最尽头是一堆蜜，蜜上会有壁蜂产的卵。然后有一个造出来的隔墙用来把两个房间隔开。每只卵都有自己的卧室，长约 1.5 厘米。隔墙的材料是树莓髓质的残屑和壁蜂的唾液。但是为了节约时间，壁蜂并不会飞出去把自己扔出去的髓质捡回来，而是在巷道壁上保留着一些髓质——这是预先存留下来用来造墙壁的。它用大颚尖在巷道壁上削刮，中间宽而两边窄。这样被削刮的部分就成了一个卵球形的空腔，有点像小木桶，这就是第二间蜂房。

削刮下来的髓质就成了隔墙，既是前一间蜂房的天花板，又是下一间蜂房的地板。另一份蜜浆口粮就留在这样的地板上，然后是另一只卵。再从第三间蜂房的壁上刮下的髓质垒一层隔墙，封好第二间房间。这样，壁蜂充分利用挖掘剩下的材料来为下一间房间提供隔墙。最后到达竖井的末端，壁蜂用一大团跟做墙壁一样的灰浆把管子封住。然后它就跟这段树桩没什么关系了。如果卵巢里还有卵，它会去寻找另一段树桩。

蜂房的数量跟树桩的质量有很大关系。如果树莓桩整齐没有木疤，房间可以达到 15 间——这也是我目前观察到的最多数量的树桩。为了看清蜂房的结构，一到冬天食物被吃完，幼虫包裹在茧里的时候，我就会把树桩竖直劈开。里面等距离轻微收缩，嵌有一个厚度约一两毫米的圆盘。每个小隔间里都有一只红棕色半透明的茧，里面的幼虫弓起身子像个钓鱼钩。整个蜂窝就像一条由削平的椭圆形珠子串起来的大琥珀念珠。

在这一串茧里，显然是尽头那个年纪最大，最年幼的那个是最后一间蜂房里的。这些茧按照年龄，从底部排到顶端。在我看来，一个巷道的同一高度上只能住一只卵，每个茧都填满了属于它的那个楼层。而且壁蜂羽化之后，只能全都从树莓桩上端的唯一洞口出去。那里只有一个唾液黏结的髓质的塞子，对壁蜂的大颚来说，这不是个障碍。而在下端，没有准备好的路。且不说树桩下面是无穷无尽的泥土，其他地方也都是木质的围墙，又厚又硬，无法凿穿。所以壁蜂只有向上爬这一个选择。而且过道太狭窄，如果下层的壁蜂先出窝，上层的壁蜂又待在原地不动的话，它就无法通过。那么搬家必须从上到下，出去的顺序恰好跟出生的次序相反，最年幼的壁蜂先出去，最年长的最后出去。

处在底部的壁蜂第一个吃完蜜浆，织好茧，最早羽化，咬破丝囊，摧毁卧室的天花板。但是别的茧堵住了它出去的路，它该怎么办呢？用武力戳个洞穿过去？这会毁了窝中其余壁蜂的命。为了一只壁蜂的解放却毁掉所有伙伴，它会这样不择手段吗？这看起来不可克服的困难，使我产生了一个怀疑：难道出茧，或者说羽化是不是按照长幼的次序进行的？会不会是年纪最小的壁蜂先咬破它的茧，年纪最大的最后呢？如果羽化的次序跟年龄相反，那么一切问题都解决了。每只壁蜂在咬破茧之前，前面的道路都已经畅通无阻了。但是这看似十分符合逻辑的设想，也许跟昆虫的做法不符，所以断言之前必须谨慎。

第一个研究这个问题的杜福尔就不是很谨慎。他向我们叙述了一种赭色螺蠃的习性，这种昆虫在一个干枯的树莓桩巷道中，用土堆砌出蜂房。杜福尔满怀着对膜翅目昆虫的热情，说道："你怎么想象得出，八个水泥蛹室首尾相连，紧密地装在一个木匣子里，最下面的那个无疑是最早造成的，因此装着的卵应该是最早产下的，而根据通常的规律，应该是它最早羽化出第一只带翅膀的昆虫。我再重复一遍，你怎么想象得出，第一个茧的幼虫居然奉命放弃长子权，在它的弟弟妹妹之后才羽化呢？究竟需要有什么样的条件才会产生这种表面看起来与自然规律完全相悖的结果呢？面对这个事实，收起你的骄傲，承认你的无知，而不要用无谓的解释来掩饰你的尴尬吧！

　　"如果聪明的母亲产下的第一个卵，应该就是第一只孵化出来的幼虫，如果它想在长了翅膀后立即就看到光亮，那它就具备这样的能力，能够在牢房的双重墙壁上打开一个缺口，或者是打开一个洞，穿过它前面的七个蛹室，然后从树莓桩的桩头出来。然而自然没有赋予它从侧面逃走的能力，也不允许它强暴地直接挖洞，如果这样，仅仅为了一个孩子的性命，就要牺牲同一个家族的七个成员。母亲善于巧妙地制订计划，有的是办法，它应该预料到一切困难并采取了预防措施；它要让第一个新生儿最后从摇篮里出来，最晚的新生儿给第二个开辟道路；第二个给第三个开辟道路，依此类推。事实上，我们树莓里的蝶蠃正是按照这种次序出生的。"

　　是的，我完全同意树莓桩中的居民是以与年龄大小相反的次序，从它们的巢穴里出来。但是羽化——这里指的是从蛹室里出来，是不是也按照这样的次序呢？年长的发育必须比年幼的慢，以便给其他同胞以破茧的时间。我总是担心这样的逻辑会让我们的结论与事实相悖。亲爱的老师，从逻辑上来说，这样的推断是正确有力的。但是我必须反驳你这种奇怪的颠倒说。通过我测试过的几种膜翅目昆虫，没有一种是这样的。这个地区没有赭色蜾蠃，我对这种昆虫一无所知。但是如果蜂窝相似，那么出窝的方式应该也是相似的。我对居住在树莓桩里的其他昆虫进行了研究，得出了不同的结论。

在研究过程中，我专门挑选了强壮有力的三齿壁蜂，在同一根桩中，它们建的房子总是最多的，非常适合进行实验。我第一个要测试的是羽化的次序。我从一段树莓桩中，取出十个左右的茧，严格按照自然顺序叠放在一个玻璃试管中。试管与壁蜂巷道是相同的，一端封闭，一端敞口。我把高粱秆切成厚约1毫米的圆薄片用来做人工隔墙。为了模拟自然环境，我把外面的纤维层剥掉，只留下了壁蜂大颚容易穿透的白色髓质。虽然这层膜比自然的膜要厚很多，但是这是有好处的。何况这些薄片要承受住把它们一个个放进管子里的压力，已经不能再薄了。之后的实验也证明，这个厚度对壁蜂来说是没有难度的。我用一个厚厚的纸套子套住试管，以避免光线扰乱必须在完全黑暗中度过的幼虫期。这个套子可以容易地套上或拿下。最后，我把这些试管口朝上悬挂在实验室的角落里。这样一来，我就完全模拟了自然环境，而且可以随时摘掉套子，观察壁蜂羽化的情况。

雌壁蜂在7月初撕破茧，而雄壁蜂在6月底就能撕破茧。我得倍加关注才能记录下正确的出生情况。研究这个问题已经有四年多的我，不知见过多少次壁蜂的羽化。根据我的经验，壁蜂的羽化并不受次序的支配。每个茧都有可能第一个羽化。有时同一天，同一小时羽化出好几只，有的在最底部，有的在上面的楼层中，而且没有什么现象说明为什么它们同一时间羽化。总之，羽化不是一个接一个的，虽然每只羽化都有确切时间，但是并没有什么原因，出乎我们基于逻辑的判断之外。

如果不是先入为主地用上了逻辑，也许我们比较容易接受这个结果。毕竟相隔不到几天出生的这些卵，一年之后的什么时候会羽化跟精确的数学一点关系都没有。这是生命的力量。每个胚胎，每个幼虫都有自己的能量。也许有些胚胎得天独厚，羽化就顺利些。难道母鸡孵蛋的时候，最先破壳的一定是最先出生的吗？同理，年长的昆虫也不一定就会先破茧。再仔细想想，在一截树桩中，一窝茧里有雌有雄，两者在整个窝中的分布是随意的。然而，膜翅目昆虫中，雄蜂一般都比雌蜂羽化要早八天。所以羽化根本不可能从一个方向或者从相反方向有规律地进行。这个理由也动摇了我们对数学般严格次序的理念。

没错，我们根本不能从蜂房建造的时间来推断羽化的时间。那么杜福尔所说的放弃长子权的问题是不存在的。我曾经实验过啮屑壁蜂、肩衣黄斑蜂等树莓桩里的其他居民。它们的行为也是这样，因此赭色蝶嬴也是如此。杜福尔的观点只是从逻辑出发的一种幻想。

排除一个差错等于获得一个真理。但如果局限于此，我的实验也就没什么意义，我总想再得出些什么观点来修正破灭的幻想。

无论出茧的第一只壁蜂在窝里的什么位置，它要做的第一件事都是去啄天花板，在天花板上挖一个锥形的口。它们总是先随意挖，然后逐渐将挖掘的精力集中在一个面上，直到洞口刚好容它通过为止。在自然条件下，蜂房的上部很小，几乎只有昆虫所需的宽度，而且隔墙很薄，所以隔墙都被彻底破坏了。但是我的高粱秆能让它们留下一个锥形的缺口，这对我研究它们向哪个方向行进大有好处。毕竟有些晚上我是看不到它们向哪个方向搬家的。

　　这些出茧的壁蜂在天花板上凿出一个洞之后，会遇到下一个茧。当它的头在洞口处碰到了自己的弟弟妹妹的摇篮时，它会十分谨慎地停下来，退回到自己的房间里去，在一堆垃圾中间转来转去。等了一天，两天，三天，甚至更久。不耐烦的时候，它会试图从巷道壁和挡道的茧中间钻过去。从髓质被磨掉直至木头，而且木纤维墙壁也被咬噬了许多，我从这些地方可以推断它曾经顽强地去咬噬内壁以扩大间隙。为了更好地观察这一现象，我在玻璃试管内部的一半管壁上加了一层灰色的厚纸，裸露出来的部分还可以让我好好观察壁蜂。我看到壁蜂将纸一小片一小片地撕下来，拼命挤出一条路来。这种斗争中，雄蜂凭借小巧的身型，比雌蜂更容易成功，钻过去之后，连茧都被挤变了形。

　　只要树莓桩中的圆井条件允许，雌蜂也会这样做。遇到一个又一个的茧，直到精疲力竭为止。我设置的墙壁太厚，而雄蜂太弱，最多只能突破一层。但是在树莓桩中的老房子里，它们要突破的阻力并不是很大。那么它们是可以绕过茧的蜂房率先走到外面来的。很可能因为它们羽化较早，而选择这种出窝的方式，但并非尝试的都能成功。雌蜂拥有强有力的工具，在玻璃试管里走得远些，我曾经看见有的戳破了三四个隔墙，越过了它前面的好几层茧。特别是比较靠近洞口的房间，已经开辟了一条通道之后，底层上来的就可以继续使用。只要够宽，位于底部的壁蜂还是有可能这样上来的。

树莓中的管道直径跟茧的直径是一般大的，在那样的管道里，除非墙壁上的髓质相当丰富，才有少数雄蜂能从侧面逃脱出去。如果这种可能性消失了，壁蜂看到自己前面有个不可穿越的大茧，就会乖乖回到自己的房间里等待，这种耐心可是不会消失的。好在它等待的时间不会太长，因为一个星期左右的时间里，所有的雌蜂都羽化了。如果相邻的两只壁蜂同时获得自由，就会相互拜访，有时还会待在一个房间里共同等待。只要领头者把路打开出去了，其他的也会跟着出去。但总有一些在最底下的要等别的都出去之后才能出去。

这样看来，一方面羽化是没有次序的；另一方面，出窝是从上到下的。这是因为前面有茧挡路，后来的壁蜂不能前进的缘故。只要有机会从别的地方出去，壁蜂一定会利用这种可能性的。它们唯一不做的就是用大颚咬住前面一个茧。茧是神圣不可侵犯的。咬破弟弟妹妹的摇篮给自己打开一个洞口是绝对不被允许的。壁蜂真是有耐心，挡路的障碍可能永远不会消失。有时幼虫会死在茧里，有时卵没有孵化，这样的情况下，壁蜂会怎么办呢？

在我收集到的所有树莓桩中，有一些除了上头有一个出口之外，侧壁上也会有一个洞。我打开这些奇特的树桩来看看为什么会有这样的情况。我发现一堆发霉的蜜，卵死在上面。这种情况下，通常的道路就出不去了。下层的壁蜂无法穿越这个障碍，只能从管子侧面挖出一条出路，下面几层的壁蜂也会利用这个天才的革新。三齿壁蜂、肩衣黄斑蜂的窝都曾出现这种情况。

我要用实验来证实这种情况。我选取了一截内壁尽可能薄的树莓桩，把树桩一劈为二，把茧取出来，再把树桩内部细心地刮干净，做一个内壁平坦的小沟。然后再把茧整齐地排在小沟里，用每个侧面都涂过封蜡的高粱圆片把茧隔开。这样壁蜂就无法突破它的天花板。我把两个小沟对在一起，用绳子绑住，用填料接缝，不让任何光线透入，再把它悬挂起来。如此一来，没有一只壁蜂能用常规的方式出去。为了走出去，它们只能为自己在侧面开一扇窗户。

7月份结果出来了，20只壁蜂中有6只通过在侧壁上开窗来解放自己。打开这个巢穴，我发现每只壁蜂都曾经试图从侧面逃走，只是不是每一只都幸运地逃出来。这个结果也是很有用的。如果壁蜂、黄斑蜂或者其他昆虫尝试了一切方法都不能从平常的道路中走出去，它们就会选择从侧面逃走。勇敢的、力气大的成功了，弱小的通常因为劳累过度而身亡。

壁蜂的本能使其会从侧面凿洞，假设所有的壁蜂的大颚都拥有从事这样的工程所需的力气，那么通过一扇专门的窗户从蜂房里出去，显然比从通常的门里出去要方便得多。这样不必等待，更不至死于长时间的等待。为情况所逼，所有的壁蜂都会采取这种极端的方法，只是鲜有成功者。只有那些得天独厚，最有坚韧精神和最强壮者才会成功。

如果说优胜劣汰这个说法是支配和改造世界的著名定律，有它的道理，那么最有天赋的就会把最没天赋的从世界舞台上排挤掉。如果未来只属于最强者，那壁蜂家族应当把那些固执地要从通常的出口出去的那些弱小者排除掉，不是吗？这样以后的物种才能有长足的进步。壁蜂虽然接触到了，但是无法穿越那条把它隔开的狭窄的线。就算优胜劣汰需要选择时间，可是失败的永远占大多数。强者的子孙也没有让弱者的子孙消失。优胜劣汰总是无法让我跟我所观察到的事实联系到一起，虽然它曾给我留下那么强烈的印象。在理论上如此宏伟的优胜劣汰在事实面前空空如也。关于世界的谜底究竟在哪里，谁都不知道。

我们不要再把精力消耗在空洞的理论上了。回到唯一不会坍塌的土地——事实上来吧。壁蜂宁愿从茧和内壁的空隙中穿过去，也不愿意破坏相邻的茧。它宁愿死在自己的房间里，也不愿意暴力挖洞。如果那个茧里没有生命，壁蜂是不是也会做出这样的选择呢？我在玻璃管子的一层放入装着活蛹的茧，另一层放着因硫化碳的蒸汽中毒窒息而死的茧。两者彼此交替，中间仍然以高粱秆片隔开。羽化后，那些壁蜂没有长时间犹豫，就开始向死茧进攻，从这些死茧中穿过，把已经干瘪死去的蛹踩得稀巴烂。可见，它们对死茧是不会手下留情的，这些死茧对它们而言不过是另一个障碍，是可以用大颚来咬碎的。这些茧的外表并没有改变，壁蜂怎么会知道里面的幼虫是死的还是

160

活的呢？肯定不是靠视觉，难道是靠嗅觉吗？人们总是动辄把嗅觉搬出来，尽管我们都不知道它的嗅觉器官在哪里。

现在我在管子里全部放上活蛹的茧，但不是同类的。我用了两种羽化期不同的昆虫的茧。另外，这些茧的直径应当跟三齿壁蜂的茧相同，以便放入试管中内壁不会留下空隙。我选的两种昆虫分别是6月底很容易在树莓中找到的流浪旋管泥蜂和出来得更早一些的啮屑壁蜂。我在一些玻璃管和被劈成两半再合起来的树莓桩里交替放入两种茧。结果令我十分惊讶，壁蜂羽化早，从茧里出来了；而流浪旋管泥蜂的茧和里面的居民都变成了碎块，若不是到处都是这遇难者的头，我甚至都认不出它们。可见，壁蜂是不会顾惜别种昆虫的活茧的。它应该像对待高粱秆一样对待别的昆虫。就这样，壁蜂要出来之前，消灭了路上的一切障碍。动物对别的种族总是完全不在乎的。

嗅觉呢？嗅觉不是能够区分死活吗？这里的茧全是活着的啊，可是壁蜂就像是在全是死尸的洞里穿过一样。如果有人说，这两种昆虫的气味也许不同。那我就要回答，昆虫的嗅觉灵敏得完全超出我们的想象。那么，这两种事实我能怎么解释呢？说实话我完全没办法解释。我很容易地承认自己的无知是为了避免空话连篇地乱说一气。我完全不知道，在漆黑的巷道里，壁蜂是怎么区分同类的死茧和活茧的。

这根树莓桩差不多是垂直的，洞口朝上，就像在自然条件下一样。但是我可以改变这种状况，我可以把管子水平或垂直放置，既可以让洞口朝上或者朝下，又可以让管子两头都打开。这些不同的条件下又会有什么发生呢？我决定用三齿壁蜂来试试。

我让管子垂直悬挂，上头封闭，而下头敞开，相当于一截倒挂的树莓桩。为了让实验复杂些，各个管里的茧的放置方式不同，有些头朝上，有些头朝下。隔墙依然用的是高粱秆隔板。所有这些管子，实验的结果都相同。如果壁蜂的头朝上，它们就像在自然条件下那样咬啮上面的隔墙。如果头朝下，就自然地转过身去咬上面的隔板。不管茧怎么放，所有的壁蜂都要从上面出去。这应该是受到了地心引力的影响。它提醒昆虫，身子倒了要转过来。在自然条件下，它们只能受地心引力的作用往上挖掘，并且这样一定可以到达上端的出口。但是我的设置让它们上当了。它们走向了没有出口的一端，全部都聚在上面的楼层中死掉了。

不过，也有一些壁蜂企图开辟一条向下的道路，只是鲜有成功者，尤其是位于中上层的壁蜂。昆虫不太擅长朝与平常相反的方向走。另外，在往反方向挖的过程中会遇到一个巨大的问题：壁蜂把挖出来的碎屑往后抛，碎屑会受到自身的重力影响而落下来，于是壁蜂就陷于没完没了的战场清理工作中。而且它对这种奇特的工作方法没有很强的信心，结果死在房间里。只有位于最底层的壁蜂，它们毫不犹豫地挖掘身下的隔板，就有那么两三只能够得到解放。

要想在保留自然条件下只改变茧的朝向也很容易，只要把树莓桩洞口朝下悬挂起来就行。我把两根住着壁蜂的树莓桩，口对口放在一起。结果所有的壁蜂都死在巷道里。相反，三根住着黄斑蜂的树桩，开口全部开在下部，它们全部安然无恙。难道这两种膜翅目昆虫对重力的感受力不同吗？难道天生要穿过棉袋子束缚的黄斑蜂比壁蜂更擅长在不断落下的瓦砾中开辟道路？这一切都有可能，因为我什么都不敢肯定。

现在我用两端开口的管子做实验，除了上部有开口之外，其他的全部一样。有些茧头朝上，有些茧头朝下。结果大致也与前一个实验相同，有几只离下面的洞口近的壁蜂，无论它们的茧是怎么放的，都是走朝下的路；其他绝大多数都是走朝上的路。无论从哪扇门出去的，都算是成功了。

通过这些实验，我们知道了，地心引力指引昆虫往上走，因为门开在上面。如果茧是反向的，地心引力会让昆虫在自己的房间里转过身来。其次，促使昆虫朝出口走的第二个原因是大气。不论哪个楼层的昆虫都会受到重力的影响，这是指引一窝壁蜂向上走的最大动力。但是当底部有出口的时候，处在出口处的昆虫也会受到大气的影响。由于隔墙的关系，外部的空气进来得很少，如果说在底层可以感觉到空气，随着楼层的升高，空气迅速减少。所以底层数量很少的昆虫在大气的影响下便掉头向下面的出口走。但是大部分的昆虫受重力的影响大过大气，还是往高处走。所以，如果有两个出口，上面的居民有双重原因向上走，但是下面的昆虫会听从大气的召唤向下走。

我还尝试了另一种情况，将两头开口的瓶子水平放在桌子上。这样壁蜂可以在同一重力条件下，选择向左走或者向右走。另外，碎屑也不会掉落到大颚底下以致影响壁蜂。我再多交代几句，也算是我的经验之谈。衰弱的雄蜂不是干这活的料，它们甚至不能横穿隔膜，只能在玻璃瓶里悲惨地死去。它们的尸体也会给实验造成不必要的困扰，所以最好选择外表看起来强壮、直径最大的茧。这些茧一般都是雌蜂的茧。不论从哪里的树莓桩里挑出来的都行，把它们摆放好就开始实验了。

第一次我准备了一根两端开口的水平放置的管子，结果令我震惊！管里的10个茧，五只从左边出去，五只从右边出去。我试着将试管调转方向，结果还是一样。这样的对称是令人称奇的。在如此之多的排列方法中，这种排列的概率非常小。来算一下，假设壁蜂的数目为n，每一只在可以忽略重力的条件下，任意选择自己的出口，有两个选项：左边或者右边。第二只也有两种选择，同理，每一只壁蜂都有两种选择。每一种选择都可以跟下一只壁蜂的两种选择中的其一进行组合，这样每多增加一只壁蜂就等于多了一倍的情况，那么n只壁蜂就有2的n次方种组合。

但是请注意，这些排列是两个两个对称的，向左走的排列与向右走的排列相对应。这种对应引起了对等，因为在我们要考虑的问题中，某一种排列与管子的左边或者右边无关，因此前面的数目应该除以2。这样，n只壁蜂根据它的头在水平管子中转向左边还是转向右边，排列的数目可以有2的n-1次方。如果像第一个实验那样，n=10，那么排列的数目就是2的9次方，即512。

10只壁蜂出去的方式有512种，那么实验结果的对称性的确令人称奇。而且壁蜂没有反复尝试是该向左还是该向右。位于右边的壁蜂，每一只都是向右边凿洞的。位于左边的壁蜂也是每一只都向左边戳洞。只要查看一下洞的形状和隔墙表面的状态就能知道，壁蜂的决定是果断的：一半向左，一半向右。

壁蜂的排列还有一个更重要的价值，这样的排列除了对称之外，还符合花费力气最小的要求。为了让所有的壁蜂都出去，如果管子里有n个房间，那么首先就要有n块隔板被戳破。每只壁蜂戳自己的隔墙，或者同一只壁蜂为了减轻邻居的劳动量而戳好几块墙，这些都不重要。重要的是壁蜂所花的力气与隔墙的数目是成正比的。

但是壁蜂要做的工作不只是挖开隔墙，还要从垃圾中为自己开辟一条道路。这是更困难的任务。现在，假设所有的隔墙都已经凿开，各个房间仅仅是被垃圾堵塞着。因为水平放置，每个房间的碎屑都不会跟其他房间的碎屑混在一起。为了少穿过一些碎屑，就要昆虫朝离它最近的洞口走去。这样所花的力气最少。壁蜂正是像实验中那样，以最少的力气走出去了。看到一种昆虫也会使用应用机械学的"最少动作原则"，真是有趣。

这种符合这个原则而且符合对称规律的排列，只有1/512的概率成功，这绝对不是偶然的。总有原因让它成功。我反复实验了许多次，能找到多少树莓桩就做多少次实验。结果都是相同的，如果昆虫是偶数只，那么就一半从左边出去，一半从右边出去。如果是奇数只，那中间那只无论是从左边出去，还是从右边出去，都无所谓了。因为它要穿越的房间数是一样的，还是遵循"动作最少原则"。

我想其他的膜翅目昆虫和居住在树莓桩中的居民都是一样

的。虽然它们住在不同的地方，但是在离开窝的那个时候，要面临的困难是一样的。除了那些死在试管里的幼虫和不太会干活的雄蜂之外，所有的实验结果都一样，无论我是用三齿壁蜂，还是肩衣黄斑蜂。只有制陶短翅泥蜂无法戳穿墙壁，我无法根据它的咬噬情况来判断走向，所以不发表意见。流浪旋管泥蜂是灵巧的钻孔者，与壁蜂不同，它们全部都朝一个方向出去。我还用棚檐石蜂来做实验。在自然条件下，这种石蜂只要钻透天花板就可以出去。虽然它对我制造的陌生的环境表示恐惧，但是它的答复也是一样的，10 只石蜂成行，5 只向左，5 只向右。束带双齿蜂是棚檐石蜂或者高墙石蜂在砌石建筑物中的寄生虫，它们没有提供任何明确的信息。斑点切叶蜂在高墙石蜂的蜂房里建造像圆片叶子的小盅，它像流浪旋管泥蜂一样都朝一个方向走。

这份记录并不完全，却表明，三齿壁蜂的实验结果不能推广到所有的昆虫。如果说膜翅目昆虫，比如石蜂、黄斑蜂具有从两个出口出去的能力，别的一些，如流浪旋管泥蜂、切叶蜂，则跟着第一个幼虫走。昆虫的才能是不尽相同的。看出昆虫的能力需要敏锐的眼光。不管怎样，更充分的研究就会发现能够从两头出去的昆虫不止这些。于我而言，发现三种足够。

还需要补充的一点是，如果水平放置的管子也有一头是封闭的话，那么这一排壁蜂都会向一个方向走。让我们来想想原因。在一根水平放置的管子里，重力不再对昆虫起作用，那昆虫要怎么决定进攻哪边的墙呢？我总是怀疑这是大气的影响，大气可以从开口的两端感觉出来。这种影响是压力的作用，是湿度测定学的作用，是电波态的作用，还是我们初见的物理学所不知道的某些特性的作用？能够做出断言的人一定是相当大胆的。当天气要变化的时候，我们内心不是也会产生某些说不清的感觉吗？但是如果我们身处跟膜翅目昆虫一样的生存环境下，那点对环境的敏感度是不够用的。要是我们身处漆黑的囚室中，有凿通墙壁的工具，但是从哪边凿呢，怎样最快地到达呢？空气的影响什么都不能告诉我们。

可是昆虫却受这种影响。大气透过多层隔墙，影响十分微弱。但是如果一边的障碍比一边少，那么对这边的影响就大些。而昆虫对这种差异十分敏感，能辨别出离空气最近的隔墙。总之，壁蜂能够感觉到自然的空间，这种感觉天赋，应当是自然赐予的。但是人类却没有，我们真的像许多人断言的那样，是从第一个形成细胞的生蛋白原子经过千万年的进化而变得尽善尽美了吗？

第 5 巻

Book Five

第一章
负 葬 甲

4月，春回大地，鲜花初绽，柳树在微风的呢喃中，抽出嫩黄嫩黄的新芽，这是一个多么令人陶醉的时节啊！然而，对于动物界的某些成员来说，这四月天的柔和春风中，到处弥漫着危险和血腥。刚刚换上绿色珍珠衣服的蜥蜴，被不懂事的顽皮鬼们用石头砸死；春耕的农民愤怒地用铁锹剖开鼹鼠的肚子，将尸体扔到路边；无毒蛇在踏青时意外身亡，被"正义的"过路人用脚后跟踩死；一阵大风刮过，还没长出羽毛的小鸟被狠狠地摔到了地上。

这些生命见不到夏日炎热的阳光了，它们变成了等待腐烂的尸体，人见人嫌。不过，这些尸体不会烦恼人们多久的，因为一支庞大的尸体清理队伍正在赶来。

蚂蚁作为先头部队第一个赶到，它们迫不及待地奔向尸体，将尸体分割成碎片。随后，其他昆虫，长着深暗色宽大鞘翅的葬尸甲、腹部涂抹得雪白的皮蠹、碎步小跑且鞘翅发光的腐阎虫、细瘦的隐翅虫等等，成群结队地匆忙赶来，似乎是约定好了一样。其实，它们之间没有约定，是尸体散发出来的野味香吹响了集结号，点燃了它们搜寻美味的热情。

真是难以想象，羊肠小道边一只死鼹鼠的身体下面到底遮掩着怎样的景象啊！这散发出恶臭的腐烂物令人恶心，但是对于热衷于观察和实验的研究者来说，它却是一种特殊形式的宝物。我克服自己内心的厌恶，将脚下这具肮脏的尸体拿起来。眼前的景象太让人震惊了！

鼹鼠尸体的下面一派嘈杂喧闹、哄乱拥挤的景象。这些不知道从来哪里赶来的大大小小、形形色色的虫子在下面乱作一团、你推我搡，就像是在哄抢打仗后的战利品。还有另一些体型更小的昆虫也风风火火地赶来凑热闹，也想从这个巨大的蛋糕中抢得一小块。

葬尸甲发狂似的奔逃，然后在土地的裂缝里蜷缩成一团；一只身穿浅黄褐色短披肩的皮蠹，努力地尝试飞走；腐阎虫身披一件闪闪发亮的黑衣，慌慌忙忙地碎步小跑，离开现场。但是，这些狂躁的虫子被脓血的味道所迷醉，飞不稳、跑不稳，摔倒在地，露出白色的肚皮，和它们身穿的深色服装形成了鲜明的对比。

这些狂热地奔忙的虫子到底在干什么呀？它们在执行大自然的法则：一切生命向自然索取，最终也都要回归自然。它们正在开发死亡，用来滋养生命。它们是自然的净化系统，它们将肮脏可恶的腐烂物变成生命的燃料。它们乐不可支地对尸体进行加工，它们耐心地利用尸体的每一根骨头、每一条韧带、每一点皮毛，它们一点点地汲干尸体的液汁，直到尸体干得酥脆作响。这些环境的净化者、大自然的执法者，它们疯狂地劳动着，直到所有生命的残渣都回归到生命的另一种循环。

春耕的这些受害者们，田鼠、鼩鼱、鼹鼠、蜥蜴、癞蛤蟆，它们的尸体被葬尸甲、皮蠹和其他昆虫大吃特吃，然而在这腐臭的野味欢宴中，有一位赴宴者吃得很少，非常少。它在这群大快朵颐的食客之中显得有些格格不入，它身穿一袭米黄色法兰绒衣，鞘翅上佩戴着齿形边饰的朱红色腰带，触角顶挂着红色绒球，浑身散发着麝香的气味。

它就是最享誉盛名、最刚健有力的土地维护者——负葬甲。它不是解剖实验室的研究者，它没有把实验对象的肉割下来，尽管它拥有锋利的大颚解剖刀。准确地说，它是一位大自然殡仪馆的工作人员，它是掘墓者、是葬尸者，它那身庄重的衣服是葬礼的着装，是它对逝去的生命的哀悼，是它对自己崇高职务的尊重。

这位葬尸者将残骸就地掩埋在地窖里，待它在地窖中烘熟了之后，将成为它的幼虫的家产。它埋葬尸体是为了家庭，为了安排好孩子的未来。而在这个过程中，它只是为了维持体力，吸几口野味的血浆。

其他昆虫在享用完野味之后，心满意足地撤退，留下被掏空的尸体，任生命的残骸承受风吹雨打、饱受苦难；而负葬甲这位有家庭责任感的掘墓者，它处理整个儿尸体，将其掩埋。它平常动作迟钝，在将尸体埋入地窖时，却手脚麻利，动作迅速。在几个小时之内，一具相当大的鼹鼠尸体，就被它整个儿掩埋在地下，不见踪影了。原来散发着尸臭的地方，一下子就被腾空，整理得干干净净，似乎这里从来没有发生过死亡和昆虫的食腐欢宴。唯一与之前不同的是，这里留下了一个被沙土覆盖的鼹鼠丘，这是亡者的墓碑，也是葬尸者的劳动纪念碑。

这位收殓葬尸工使用的方法简单快捷，是田野清洁队伍中的佼佼者。有人说，负葬甲在从事埋葬工作中，表现出了近乎理性的思考和推理的才能。而这种才能，就连收集花蜜和猎物的膜翅目昆虫，它们之中的出类拔萃者也不具备。让我们来看看拉科代尔在他的著作《昆虫学导论》中是怎样说的吧！

"克莱维尔报告说，他看见一只负葬甲想埋葬一只死老鼠，但发现鼠尸所躺的地方泥土太硬，于是就去离该地有一段距离、土质比较疏松的地方挖洞。然后，它就试着把老鼠埋在洞穴里，但是没有成功。于是，它很快离开，不久后又返回，身边跟着四个同伴。这几个同伴帮助它运输和埋葬死鼠。"

拉科代尔还补充说，人们不能否认在这样的行动过程中，有思维在起作用。他还在书中写道：

"格勒迪希报道的下列行为，也具有理性起作用的所有迹象。他的一个朋友想风干一只死癞蛤蟆，就把它挂在一根插在地里的棍子上，以防负葬甲来把它搬走。但是，这项预防措施不管用。负葬甲无法爬上棍子，够不着死癞蛤蟆，于是就在插棍子的地上挖掘。棍子倒下后，它们就把棍子连同癞蛤蟆的尸体一起埋葬了。"

拉科代尔对负葬甲的这种才能赞赏有加，但是，以上这两则小故事是否具有不容置疑的真实性呢？人们据此做出的结论是否放之整个负葬甲家族而皆准呢？如若将此作为具有普遍性的事实，从而推导出这种昆虫是具有智力的、是能够认识劳动目的与方法之间的关系的，这样的言论未免有些武断和轻率了。诚然，在科学研究的道路上确实需要某种意义上的异想天开，需要大胆和果断的推测，如果没有这种精神，或许我们还停在以地球为宇宙中心的谬误中无法自拔，或许我们的科学永远无法接近真理。但是，任何勇敢的结论，都必须建立在牢固的推理和实验的基础上，才能在人们的质疑中屹立不倒，才能经受住时间的淘洗和历史的考验。

在认为昆虫会思考之前，我们必须先思考；在承认昆虫有理性之前，我们必须保持理性。轻言结论不可取。对于实验的结论应该反复加以验证，偶然的现象并不能成为普遍的规律。

但是，勤恳的掘墓者，我绝对无意贬低你的声誉，绝对没有。相反，在我的笔记本中，汇集了你英勇和勤劳的事迹，它们将擦亮你名誉的光环。我在这里所说的，只是一个博物学家坚守的科学的严谨。历史是最开明也是最谨慎的评判家，它不盲目坚持，也不轻易相信，所有的结论都接受事实的引导。我只想问你一个问题，你是否像有的人所说的那样，拥有思维的指导、拥有人类理性的萌芽？

为了找到这个问题的答案，我进行了长时间的观察与研究。不过，在这之前，我要先准备一个笼子和住在笼中的实验对象。后者的收集十分令我苦恼，因为在我居住的地区，负葬甲的品种十分稀少，据我所知，只有一种负葬甲。而田野中的负葬甲又十分罕见，每次寻捕几乎都是空手而归，我从前最好的业绩也只是找到三四只而已。4月，这是实验最有利的月份，可是就快要过去了，捕捉负葬甲的结果如何，真是很难说。

在情势如此紧急的情况下，我需要的一打实验对象还没有着落。看来，我不得不采用布设陷阱的办法了。于是，我决定在荒石园中散布大批鼹鼠的尸体，负葬甲嗅觉灵敏，必然会被空气中散发的野味香气所吸引，它们会从四面八方循着气味来到我指定的地方。

好吧，现在我所急需的就是死鼹鼠，多多益善。到哪里去收集呢？我求助于邻村的一个园丁，他为我提供新鲜的蔬菜，每个星期要来我这儿两三次。在鼹鼠收集这件事上，他是再合适不过的提供者了。春耕时期，这些讨厌的家伙把他的作物弄得一塌糊涂，他对它们厌恶到了极点，每天都绞尽脑汁设置陷阱、拎着铁锹四处捕杀这些破坏者。他对我迫切的要求惊讶不已，不过还是答应了我。尽管他有自己的想法，他认为我大概是为了减轻风湿带来的痛苦，想要收集柔软的鼹鼠皮，为自己做一件温暖的法兰绒背心。随他怎么想吧，只要帮助我把死鼹鼠带来就行。

这位善良的老好人很快就履行了约定，我需要的诱饵被包在甘蓝叶子里，有时两只、有时三只地被带来，短短几天，我就有了三十几只鼹鼠，肥美的野味终于收集好了。我将它们散布在荒石园中光秃的土地上，接下来需要做的只是等待和查看。这对于没有激情的人来说，也许是一件令人恶心的苦差事。不过我有我的小保尔，这位能干的小助手用他明亮的眼睛和敏捷的小手帮助我捕猎这些虫子。

等待的时间并不长，风带着野味的气息召唤着这些葬尸工。它们从四面八方奔向太阳底下被晒熟了的尸体。很快地，我的实验对象由4只增加到14只，这可是我从来未曾想象过的数目啊，我还是第一次拥有这么多的负葬甲呢！看来，这次布设陷阱、使用诱饵的计策取得了圆满成功。

实验对象总算是收集全了，我心里的一颗大石头也就落了地，在深入研究笼子中的虫子之前，让我们先谈一谈负葬甲的正常劳动环境条件吧。如果要是来评选一位田野卫生队伍中的先进员工，负葬甲一定当选。它不但工作效率高，更难能可贵的是，它对于大自然这位领导安排的工作从不挑挑拣拣、敷衍了事，它用一种近乎狂热的执着对待每次任务，大自然给它安排什么，它就接受什么。

在负葬甲遇到的尸体中，有小一点的，比如鼩鼱；有中号的，比如田鼠；也有大的，比如鼹鼠。这些动物的残骸比它的体型都大得多，埋葬工作所需的力量也远远超过了一只负葬甲所能承受的负担。因而，运输是不可行的，负葬甲只能将尸体就地掩埋。

埋葬地点是不可选择的，而且变化无常。这一次幸运些，尸体躺在疏松的沙土上；下一次可能会异常艰难，碰到了布满鹅卵石的埋葬地。有时，挖掘地点在一片光秃秃的土地上；有时，在一片盘根错节的杂草中；甚至，有时会在布满荆棘的地方，刚刚被剖开肚膛的鼹鼠被农民用铁锹随便那么一扔，扔到了荆棘的托架上，离地面还有几法寸的距离。忙忙碌碌的负葬甲啊，永远猜不出下一次的工作地点会在哪里。

这些变化无常的地点给埋葬工作带来的困难也是多种多样，如果负葬甲采用一成不变的方式方法来对待这些难以预料的困难，那么它也就无法成为称职的掘墓者了。它受偶然的条件所支配，在它那微小的一点辨别能力范围之中选择不同的策略。扫清、锯开、砸烂、震动、升起、移动，这些都是负葬甲的绝技，没有这些，它就会变成碌碌无为、死气沉沉的虫子。

谈到这里，大家就会了解，仅仅凭着一个偶然的现象就做出结论，是多么武断轻率的事情。在负葬甲的劳动过程中，我们有理由相信，其中存在着本能的行动。但是，昆虫是否有能力判断和策划这种行动呢？想要回答这个问题，我们必须充分了解负葬甲劳动的全过程，必须找到更多的资料和证据来帮助我们。

我将负葬甲安置在瓦钵的金属钟形罩中，为了欢迎这些新来到的寄居者，我在瓦钵中装满了压紧的新鲜沙土，一直溢到瓦钵的边沿。为了保证实验顺利进行，防止受野味吸引的馋嘴的猫来捣乱，我将笼子放在一个封闭的玻璃房里。好啦，一切都准备妥当啦！

让我们先说说负葬甲的食物问题。它在这方面毫不挑剔，对于任何散发着腐臭味道的尸体都欣然接受；如果没有这样，有那样也行。两栖动物挺好，爬行动物也不错；长羽毛的动物可以，穿皮毛的动物也行。它对所有遇到的尸体都同样尽心尽力地开发，一视同仁，都放在地窖里，给予同样的重视和关注，对于那些它从未见过的、尚不了解的新鲜事物，也乐于接受。

一次，我将一只红色的鱼放进笼子里。这是一只中国的金鱼，是负葬甲从未遇到过的。但是，这些开明的掘墓者很快将其判定为好东西，用和埋鼹鼠一样的方法将其掩埋了。牛排骨、羊肋条在腐烂变臭时，也成为它们的新品菜肴，被迅速地埋到地窖里。总之，对于任何尸体，负葬甲都不会拒绝。

现在，让我们来看看负葬甲是怎么工作的吧！一只死鼹鼠躺在荒石园的中央，我为这些掘墓工选择的工作地点，土质疏松，易于挖掘。四只负葬甲，一雌三雄，已经赶到了施工现场。它们钻到鼹鼠尸体下使劲地摇动，那只失去生命的死鼹鼠仿佛复活了一般，如果不明情况的人看到一定会大吃一惊。

等了很久，有一位挖掘工，几乎总是同一只雄虫，它从鼹鼠的尸体下面爬出来，围着尸体转圈，它对施工对象进行了一番仔细的勘探。然后，它又急急忙忙地钻回死鼹鼠的身下，接着又爬出来探测情况，然后再次钻回去。随后，这只死鼹鼠恢复了摆动，而且动个不停，像是中邪发狂了一样。与此同时，它周围的沙土被压紧，形成一个环形软垫。鼹鼠身下的泥土被破坏，它已经失去了支撑物，加上四位掘墓工的大力摇动和鼹鼠自身的重量，这具残骸陷入了地下。

这四位掘墓工此时还在地下进行着推土工作，不见踪影。不过它们没有休息，而是推动着那堆堆成环形的被压紧的沙土。沙土很快被推入坑中，将尸体掩埋起来。这具尸体就像是陷入沼泽一般，自动被吞没了。在我们看不到的沙土里，它将一直下降，直到我们的埋葬工认为深度已经足够为止。掘墓者一边挖洞，一边摇动和拖拽尸体。随着洞穴的不断加深，即使四位掘墓工停止摇动，墓穴也会由于沙土的震动、崩塌而自动填平。

负葬甲所使用的方法和工具都十分简单。它的爪端有锋利的铲子，帮助它迅速地挖好墓穴；它背部强壮有力，能够让沙土产生轻微的震动。这些工具就足够了。不过，它还需要一项必不可少的技能，这就是它必须频繁地摇动埋葬对象。这种摇动的目的是将尸体的体积压缩得更小，以减少它下降时所受的阻碍。这种技艺是负葬甲基本的任职要求，在它的工作中发挥着十分重要的作用。对于这一点，我们很快就可以看到。

鼹鼠的尸体虽然已经埋到了地下，但是，这只是全部工作的一个序曲而已。这四位殓葬工现在还在地下，从事着和之前我们所叙述的一样的劳动，我们还是等两三天再来吧。

时间到了，我和我的得力助手小保尔前来查看这个公共尸坑，我们看到的情况真是令人震惊！

鼹鼠已经找不到了，眼前出现的是一块让人看了感到恶心的东西：椭圆形；绿色；发臭；蜷缩着，好像是一块发霉的猪膘带；皮毛被拔光了，光秃秃的，这种皮毛处理的程度让人想起主妇手下的家禽。想必这块东西必定是经过了精心的加工，才会从一具巨大的、遍布皮毛的鼹鼠尸体变成现在这个光秃的浓缩品。现在，这个浓缩品被安置在一个宽敞、坚固的地窖里，它没有被触动过、没有被切割过。这是子女的嫁妆，不是父母的食物，只有当父母在准备嫁妆的过程中，为了补充体力，才吸几口尸体渗出来的脓血。

在这具尸体旁边，只剩下了两只负葬甲，一雄一雌，它们是一对夫妇，在那里看守和加工尸体。那其他两只雄虫呢？我看到它们已经到了地窖的顶端，在接近地面的地方休息。我所看到的这个景象并不是偶然的、孤立的。我曾多次观察到一群负葬甲共同协力合作，在将尸体顺利地入殓入仓之后，只有一对负葬甲夫妇留在了地窖里，其他的则爬上地面。在地面上的这些多数是雄虫，每一只都身怀绝技，干劲十足。它们干活时候的激情四射，和帮助那对夫妻埋葬猎物之后离开时的默默无语，形成了鲜明的对比。

没错，我们在这里看到的是父亲。尽管，昆虫界的父亲多数是无所事事、游手好闲的家伙。它们在洞房花烛夜之后，就变得冷若冰霜，将新婚的妻子抛到脑后，对它们还未出世的孩子的命运也毫不关心。

但是，我们在这里看到的是父亲中的先进、模范。负葬甲的族群中，所有的父亲都尽心尽力地干活；不论是为了帮助别人，还是为了自己，它们都不遗余力。每当一对负葬甲夫妇陷入劳动量超负荷的困难中，这些热心的帮手就会循着猎物的气味赶来，和猎物的所有者一起，挖坑、摇动、探测、掩埋，直至任务完成。当男女主人庆祝猎物成功入库时，它们就默默地悄然离去。到现在为止，我已经两次找到了尽心尽力为子女积攒财产的父亲，它们是推粪工赛西蜣螂和掘墓者负葬甲。这些可敬的父亲将被我铭记。

负葬甲的幼虫的生长以及变态，这是一个次要的问题，而且大家已经比较了解了，这样枯燥无趣的题目，我在这里就简单地讲一讲好了。

大概在 5 月末，我挖出了一只负葬甲埋了半个月的褐家鼠。这具令人毛骨悚然的尸体经过殓尸工的处理，现在已经变成了褐色的黏糊糊的一摊。上面寄居着 15 只幼虫，其中大部分都已经接近成熟。从褐家鼠下葬到现在，最多也就过去了两个星期，负葬甲幼虫就已经接近变态了，如此的早熟令人惊讶。看来，地窖里那些腐烂的臭烘烘的东西，对人的胃是致命的，却十分有助于这些未来的殓尸工的生长。洞穴里还有几只成虫，想必是这些幼虫的家长了，产卵的任务已经完成，食物也已经准备充足，它们现在无事可做，就悠闲地待在它们的孩子的旁边。

负葬甲的幼虫具有黑暗中生活的普通特性，呈白色、裸露、瞎眼。它的相貌有点像是螃蟹，呈披针形；黑色的大颚强健有力，是大自然赐予的履行环境净化工作的重要工具；腹部的腹面有一块狭窄的红棕色腹板，腹板上装有四根骨针，这四根骨针是幼虫在离开出生的小间、降落到地上时作为支撑用的；足很短，但是在奔向猎物时迅速敏捷；胸部体节的护甲很宽，没有刺。

负葬甲家长此时陪着它们的幼虫，寄居在褐家鼠的腐尸里。记得 4 月时，它们在第一批鼠尸下面时，衣着整洁，全身发亮；而现在，7 月临近时，它们身上盖满了寄生虫，丑陋不堪，令人恶心。这些寄生虫折磨着掘墓者，它们钻进掘墓者的关节，一大片一大片的，在负葬甲的身上形成了一件难看至极的衣服。

我认出，这种寄生虫是蜱螨，这种蛛形纲动物坏事没少干，它们经常把粪金龟腹部美丽的紫晶弄得污秽不堪。我试图用画笔尖将它们从可怜的负葬甲身上扫除，被扫下来之后，它们身子有点变形，可是又爬到寄主身上，就是赖着不走。这些环境的净化者们，这些勤勤恳恳的掘墓工，它们从事有意义的工作，它们热心帮助同族，它们为家庭奋斗，可是现在，它们却要忍受这些害虫的欺侮！

此时，我的笼子里出现了奇怪的现象。6月中旬，负葬甲已经储备了足够的财产，就再也看不到它们埋葬尸体的忙碌身影了。有时，某个掘墓者从地窖里出来散散步，还带着懒洋洋的神情。对于我后来提供的老鼠和麻雀的尸体，它们毫无兴趣，一点没动。

除此之外，还有更加奇怪的事情。大批的负葬甲从地窖里爬到地面，它们大多身负重伤，这个少了一只胳膊，那个没了一条腿。我看到一个受伤者，它行动迟缓，一步一瘸地在满是灰尘的地面上费力地走着。它衣衫褴褛，满身虱子，就像是一个残疾的老乞丐。这时，一个步履矫健的同伴出现了，它不由分说给这个可怜的乞丐致命一击，然后将它开膛破肚，吃光肚肠。剩下的13只负葬甲也都是惨死在同伴的屠刀之下，轻者被同伴切去几只附节，重者被同伴一刀毙命，成为美餐。真是难以想象，在两三个月前，那些不求回报、给予同伴无私帮助的昆虫，就是眼前这些吞食同伴的自相残杀者。

人类社会中也存在类似的现象，比如马萨热特人。这个民族认为，在父母白发苍苍的时候结束他们的生命，是子女的孝顺行为，是帮助父母摆脱老年的折磨的好事。负葬甲也有这种古代的野蛮习性。它们已经垂垂老矣，没有多少时日了，眼看着快要走到生命的尽头，延续这种丑陋肮脏的垂危岁月又有什么意思呢？于是，它们最终选择了爆发，选择了互相消灭。

我还想补充一点，负葬甲同类相食的原因与食物短缺毫不相干。由于我的慷慨，它们地下的储藏室里堆满了食物；7月份，地上还堆着它们懒得管的动物尸体。对它们而言，其他都不是理由，相互残杀只是它们对苟延残喘的痛恨，是它们对生命枯竭的极端发泄。似乎唯有如此，才能使无力无奈的垂暮之年得到彻底解脱。

这种在晚年爆发的狂暴事件，在其他昆虫中也存在。壁蜂在年轻时也是平和亲切的，但是当它的卵巢即将衰竭时，它就变得狂暴不已，到处搞破坏。它将蜂房里沾有灰尘的蜜弄散，把卵弄破然后吃掉；它砸碎别人的蜂房，甚至自己的蜂房也弄碎不要了。蟋蟀夫妇在产下后代之后，就爆发不可收拾的家庭战争，它们用刀相互剖开肚子，毫不犹豫。螽斯母亲一点一点吃掉它残废的丈夫的腿。螳螂在和情人缠绵之后，就残忍地将情人吞进肚子。生儿育女的任务完成了，剩下的日子都是挣扎和折磨，这时，昆虫们往往选择了破坏、暴力和屠杀。

我们还是不要说这些悲惨的事情了，回来看看负葬甲的幼虫吧。这只幼虫在身体刚开始变得结实时，就离开了出生的地窖，来到了地面上。它用足和强健的背部硬甲，把身体周围的土向后推，为自己准备了一间变态时所需的蛹室。然后，它就进入了半睡半醒的蛹期。它一动不动地躺着，仿佛死掉了一样；但是，一有风吹草动，它就又找回了生命，动了起来，围着自己的轴旋转。

负葬甲必须在夏季时达到成虫状态。就像食粪虫一样，它只有几天不必为家庭奔波劳累的欢乐日子。然后，寒冬将至，它躲在冬天的地下室里；等到春天来了，它就又回到阳光之中了。

第二章

金 步 甲 的 婚 俗

　　我们知道，金步甲是灭杀幼虫和蛞蝓的斗士，是菜地和花圃的守卫者，从这一点来说，"园丁"这个光荣称号它确实当之无愧。如果说我的研究没有什么新的贡献，不能为金步甲那久负盛名的美誉增添新的光彩，那么至少在接下来的研究中，我将为人们揭示金步甲出人意料的一面。这个魔鬼能把比自己弱小的猎物残忍地吞食掉，而自己也会变成别人的盘中餐。那么它会被谁吃掉呢？就是被它的同类以及别的昆虫。

　　先来介绍一下它的两位敌人吧，也就是狐狸和癞蛤蟆。在找不到干粮、更别提是美味佳肴的时候，它们也能把那些瘦骨嶙峋、散发着怪味的猎物将就着吃掉。狐狸粪便的主要成分是兔毛，但有时候也会夹杂着金色的鳞片，这就足以证明狐狸吃了金步甲；尽管这道菜分量实在少得可怜，也谈不上有什么营养价值，而且味道也很怪异，但是吃上几只金步甲总还是可以对付一下饥饿。

　　我也有相似的证据来证明它也是癞蛤蟆的食物。在荒凉的石园的小径上，我在夏天常常会发现一些奇怪的东西。这些小黑肠细细的，跟小指差不多粗，被太阳晒干后很容易就碎裂了。我从中还发现了一堆蚂蚁头，除了一些纤细的爪之外，就别无他物。刚开始，我思前想后，总也想不明白，它们究竟是从哪里来的。这用成千上万个头压成颗粒状的奇怪的东西究竟是什么东西呢？会不会是猫头鹰在胃里将营养物质提取之后吐出的残渣呢？但是在一番思索之后，我否定了这个想法：猫头鹰是在夜间活动的，而且虽然它爱吃昆虫，但瞧不上这么小的点心。吃蚂蚁得有充足的时间和耐心，得用舌头把蚂蚁一只只粘起来然后再送入口中。那么，谁是那位捕食者呢？有没有可能是癞蛤蟆？我想除了它之外，在这个荒石园里不会有其他动物与这堆蚂蚁产生关系。实验将会帮助我们揭开谜底。我有一位老朋友，可我却还不知道它家住何处。我们曾好几次在夜晚巡察时相遇。从我身边经过时，它总是用它那金黄色的眼睛看着我，然后神情严肃庄严地去忙它自己的事去了。这只癞蛤蟆和茶杯垫差不多大，它是我们全家人都非常尊敬的智者，我们称它为哲学家。

　　我去问问它吧，看它会不会知道那堆蚂蚁头是从哪里来的。我把它囚禁在一个没有食物的钟形罩里，等待它把那胀鼓鼓的肚子里的食物消化掉。这段时间并不算太长，几天后，囚徒就排出了黑色的圆柱形的粪便，里面也有一堆蚂蚁头，和我在荒石园里的小径上发现的粪便没什么差别。我释放了这位哲学家。幸亏有它在，那个困扰我的难题才能够得到解决。我总算搞清楚了，癞蛤蟆会捕食大量的蚂蚁。没错，蚂蚁确实是很小，但是它的好处就是容易捕捉到，而且取之不尽。荒石园里的蚂蚁特别多，而其他的爬行昆虫却很少，因此它主要以蚂蚁为生。

但蚂蚁并非癞蛤蟆最钟爱的食物，如果能够找到更大的猎物，那可就更好了。对癞蛤蟆来说，偶尔能吃到体积大一些的猎物就算是难得的佳肴了。我在荒石园里发现的一些粪便，完全可以证明它有时也能吃一顿大餐。有些粪便里几乎全部都是金步甲的金色鞘翅，其余那些呈糊状的黏着几片金色鞘翅、而主要成分是蚂蚁头的粪便，才是癞蛤蟆粪便的真正标志。从中就能够知道，癞蛤蟆也是会吃金步甲的。癞蛤蟆作为守护菜地的卫士，却捕食另一位和它同样值得尊敬的菜园园丁金步甲。一件对我们有用的东西，毁了另一件有用的东西。这个小小的教训能够帮助我们克服天真的想法，可别以为它们是为了我们才做这一切的。更不幸的是，金步甲这位我们的花园和菜地的守护者，这位对幼虫和蛞蝓犯罪活动做密切监督的警察，居然还同类相残。

一天，在我家门前的梧桐树荫下，一只金步甲匆匆地经过，我非常欢迎这位朝圣者的到来，它能够壮大钟形罩里的居民们的力量。我把它放在手上，发现它的鞘翅末端有些微损伤。这是不是情敌之间发生争斗造成的？对此我没找到任何蛛丝马迹。经检查确认，它身上没有严重的伤，能够为我工作，我就把它放进玻璃屋里，让它和那25只金步甲做伴。次日我去看望新来的寄宿者时，它已经死了。那天晚上，同监狱的囚犯们对它发起了攻击。足、头、前胸全都完好地留在那里，没有支离破碎的痕迹，只有肚皮裂了一个大口，内脏被从那里拉出来。由于鞘翅有个缺口没有能够很好地保护它，它被掏空了肚子。我眼前是一个由两瓣合抱的鞘翅组成的金色贝壳，干净得连被掏空了软体组织的牡蛎壳也不能与之相媲美。这个手术做得真漂亮。这样的结果让我大吃一惊。我的金步甲们居然把一位鞘翅受伤、抵抗力弱的同胞给吃了，它们总不能说是因为自己的肚子饿了吧。要知道，钟形罩里从来都不缺少食物，我对此向来十分注意。我将蜗牛、鳃金龟、螳螂、蚯蚓、幼虫，以及其他一些受欢迎的菜肴，换着花样送上它们的餐桌，而且供应的数量完全能够满足它们的需要。在它们那里是不是有终结受伤者的生命，看到尸体即将变质，就将其从腹中内脏掏空的习惯呢？昆虫不知道什么叫作怜悯，当它们见到一个垂死挣扎的伤残者时，谁都不会停下来试图去帮助自己的同类。而在食肉动物那里，情况可能会更加可悲。有时，行人也会跑向残废者，是想表示自己的同情与安慰吗？别做梦了，它们不过是想吃掉它。似乎它们认为吞食它是为了让它能够彻底摆脱残疾带给它的痛苦，这种行为是理所当然的。

说不定也有可能是那个伤残的金步甲，用它那带缺口的鞘翅部分所裸露出来的臀部去引诱了同伴，让它们发现这个受伤的同胞身上有块地方可以让它们大吃一顿。但是，要是那只金步甲没有受伤，它们之间会和平共处吗？从种种迹象来看，它们之间起初相处得很不错，一起进食的金步甲也从没有打过架，最多也就是从别人嘴上抢抢食物而已。在木板下长时间的午休期间，它们之间也从没有动过粗。25只金步甲半个身子埋在凉爽的土里，安静地躺在那儿边消化食物边打瞌睡，各自待在自己的浅土窝里，相互之间离得不远。要是把上面的木板掀开，它们就会醒过来，然后跑出去，但即便它们在跑动中相遇也没有发生打架的情况。玻璃罩里一片和睦安详的气氛，似乎会永远如此。

6月到了，天气开始变热了，我发现一只金步甲死了。这只金步甲被它的同类掏空时是很健康的。我细心地检查了一下那具残骸，发现除了肚皮上有个大口子以外，其他地方并没有遭到破坏。它没有被肢解，却成了掏空的牡蛎壳，身体缩成金贝壳状，和不久前那个残废者被吞食后的情景一模一样。几天后，又有一只金步甲被杀死，护甲没有半点损伤，同前面那些金步甲的死状一样。要是把它腹部朝下放着，看上去完好如初；把它仰面放着，就是一个空壳，在那个壳里半点肉质都没有了。没过多久，玻璃罩里又出现了一具被掏空的尸体，以后又不断地出现；金步甲一个接一个地死去，玻璃罩里的金步甲在迅速减少。如果疯狂的屠杀就此继续下去，那么很快玻璃罩里就空无一物了。是幸存者在瓜分那些老死的金步甲的尸体，还是它们靠牺牲依旧还活着的同伴的生命来达到减少数目的目的呢？要把事情查个水落石出不是件容易的事，因为这种事情主要发生在晚上。

依靠警觉，我终于有两次在大白天撞见了解剖的过程。6月中旬，我看到一只雌金步甲在拨弄一只雄金步甲——我能根据它微小的体形辨认出其性别。手术开始了，进攻者打开了它对手的鞘翅顶角，然后从背后用大颚咬住受害者的腹部末端，接着就是撕扯。被咬住的金步甲虽然年轻力壮，但它却既不自卫，也不还击，只是用全部的力气朝反方向拉去。为了挣脱可怕的齿钩，它随着拉来拉去的动作一会儿前进，一会儿后退，它做的全部反抗也仅此而已。大概持续了一刻钟后，一些过路客突然冒了出来。它们停下脚步看着，仿佛在讷讷自语："该我上了！"最后，那只雄金步甲一使劲，挣脱出来狼狈地逃离了。要是它没能成功，那么很显然就会被穷凶极恶的雌虫给剖腹了。

几天之后，我再次看见了相似的场景，而且这次看到了完满的收场。这次同样是雄虫被一只雌虫从背后给咬住，而它除了企图挣脱之外，只是任凭雌虫摆布，同样没有作任何反抗。最后，它的皮肤被撕裂了，口子越开越大，内脏被拉出来，被那个雌虫吞进了肚里。这个凶残的雌虫还把头埋在它的腹腔里，把它掏得只剩下一个空壳。可怜的遇难者双足一颤，表明它的生命已经完结。但这个恶妇并不因此而放过它，它沿着死者的胸腔尽可能地继续往里挖。被挖干了的空壳被丢在了现场，只剩下合抱成小吊篮形的鞘翅和没有被肢解的身体前部。那些金步甲就是这样死去的，死的总是雄性，它们的尸骸不时地在玻璃罩里被发现，而幸存者也一定会这样死去，这是早晚会发生的。从6月中旬到8月初，最初的25只金步甲锐减到只剩下5只雌虫。20只雄虫全部都死了，它们先被开膛，然后身体被掏得干干净净。

杀手是谁？看来是雌金步甲。首先，我所看到的那两次进攻行动可以证实这一点。两次攻击都是发生在众目睽睽之下，我亲眼看见雌虫进到雄虫的鞘翅下，然后剖开雄虫的肚皮，将它吃掉，或者至少试图这么做。虽然我没能目睹其他的杀戮，但我却能拿出非常有力的证据。就如刚才所见，被抓住的那只金步甲既不自卫，也没有反抗，它只不过是拼命想挣脱逃走。如果这仅仅是平常所见的欲置对方于死地的争斗，那么那个强壮有力的被攻击者显然会转过身来。对于对方的挑衅，它会一把抓住对方，以牙还牙，给予还击。凭它的力气在搏斗中是有可能扭转局势占上风的，但这个家伙却笨到让对方肆无忌惮地咬着自己的屁股，似乎有一种不可抑制的厌恶感在阻止着它的反抗，或者用大颚去撕咬对方。

这种宽容与朗格多克雄蝎子多么相似。当婚礼结束后，它任由自己被新娘咬死，也不使用那自卫式的武器毒针去伤害那个泼妇。它还让我想到了刚刚当上新郎的雄螳螂，它们有的已经被咬得只剩下半截身子，还是任自己被一点一点地吃掉，不作任何反抗，继续义无反顾地履行着自己未完成的任务。这就是它们的婚俗，雄性对此无能为力。我的金步甲园里的雄虫，一个个全都被剖了腹。它们展示给我们的是同一种习俗，一旦满足了妻子交配的需要，雄虫就将成为牺牲品。从 4 月到 8 月每天都会有配对的夫妇，它们只不过有的时候只是尝试着在一起，而更多的时候则是有效的结合。对于这些性欲旺盛的配偶而言，这些还不能满足它们。

金步甲处理爱情的方式称得上是电光火石。根本无须酝酿感情，一只过路的雄虫就在光天化日之下扑过去，骑到了它遇到的第一只雌虫上面。被抱住的雌虫微微颔首以示同意，雄虫就开始用触角打对方的脖子，交配结束了。刚结束，双方立马就分手，去吃我供应给它们的蜗牛。随后就各自嫁娶，另觅佳偶。只要有单身的雄虫在，新婚的夫妇同样也会另找新欢。大快朵颐之后，便开始粗鲁地交配，之后又是一顿猛吃；对于金步甲而言，这就是它们全部的生活。

在我的动物庄园中，一只雌性配20只雄性，女性的数目与求爱者的数量不成比例。不过关系不大，这里大家平心静气地占有，滥用着过往的雌性，谁都不会为这种事情大动肝火。大家的心胸都很开阔，经过几次尝试，当然也靠碰运气，每一位的欲望都能够得到满足。

我那群金步甲的性别比例如果更合理当然更好。但出现现在这种情形完全是出于偶然，在自然环境下雄性并不是那么多，是因为偶然的因素，才造成了我的昆虫园里性别比例如此的不协调。因为我根本没有挑选，这是随意地捉到了这些虫子。我把附近的石头下找到的所有金步甲收集到一块儿，也没去管它们是什么性别，要知道，仅从外表是很难看出它们的性别的。在玻璃罩里饲养一段时间后，我知道了腰围粗一些的是雌性。在自由的田野里，金步甲几乎都各自隐居着，很少见到两三只住同一个地方，而像我玻璃罩里那样的群体实在少见得很，因为这么大群的金步甲绝不会在同一块石头下面聚居。这里倒还算好，毕竟玻璃屋对它们来说已经够大了，这里有足够的地方让它们散步或者嬉戏。想自个儿待着就自个儿待着，要是想找个伴很快也能找到。

它们每天都大吃大喝，反复进行交配，看来它们对监禁的生活似乎也并不感到烦闷。在野外自由自在地生活时，它们也未必会比现在看起来更精神，也许还不如现在呢，至少食物就没有玻璃罩里这么丰盛。至于舒适程度的话，在日常的生活状态下，这些囚徒完全可以保持它们的惯例。但在这里，同类相遇的机会要比在野外多得多。可能也是因为这个缘故，对雌性而言，这是它们最好的机会——粗暴地对待那些被自己抛弃的雄性，咬住它们的屁股，掏空它们的内脏。因为住得近，捕杀旧情人的现象就愈演愈烈。

但这种习俗并不是刚刚才兴起的，也不是什么新鲜事，在野外，一只雌虫在交配结束后遇到雄性时，会把它当作猎物来对待，将它嚼碎以结束婚姻。每次翻开石头，我都没能见到这种场面，不过无所谓，在玻璃罩里所看到的情形已经足以使我坚信这一点。金步甲的世界真够冷酷无情的。当雌性在婚后受了孕，不再需要帮手时，竟毫不留情地把丈夫吞进肚里。在它们的生殖规则里，竟然如此作践雄性，如此任意地残害它们。爱过之后，接着便是相互残杀，这是不是很普遍的现象？目前，我所知道的三个最为典型的例子是：修女螳螂、朗格多克蝎子和金步甲。以爱人为食的这种可怕的行为，在螽斯家族中稍微好一些；因为它们并不是将螽斯活生生地吞食掉，而只是吞食尸体，雌白额螽斯对死去的丈夫的大腿情有独钟，而绿色蝈蝈儿也有同样的习惯。这种饮食习惯是有原因的。它们都是食肉昆虫，雌性遇上雄性的尸体或多或少都会吃一些，至于它是不是自己从前的爱人则无关紧要。猎物就是猎物，爱人也逃脱不了这样的命运。

素食昆虫的身上又为什么会发生这种事情呢？在产卵期将

要到来时，雌短翅距蠡竟把它的配偶活生生地咬死，然后把它的肚皮剖开，吃得肚子鼓鼓的。雌蟋蟀原本是那么温柔顺从，突然间性情大改，变得暴戾乖蹇，居然对那位从前满怀爱意和激情地为它奏小夜曲的恋人大打出手，还砸烂它的小提琴，撕烂它的翅膀，甚至撕咬音乐家。可见，雌性在交配过后对雄性的极其厌恶，可能带有一定的普遍性，特别是在食肉昆虫中。那么，这种凶残的习俗是如何出现的呢？要是条件许可，我一定会好好地做一番研究。

玻璃罩里饲养的金步甲到 8 月初就只剩下 5 只雌虫了。雌金步甲在对雄性发动攻击后，行为与以前大不相同。它们对食物已经失去了兴趣，不再理会我为它们供应的剥掉了一半壳的蜗牛，或者是它们以前爱吃的胖螳螂和幼虫。它们总是躲在木板下打瞌睡，很少露面。会不会是在准备产卵？我每天都去探望，希望能够看到出生在粗劣的环境下的、没有受到任何爱抚的新生幼虫。这样的情形并不难预见，要知道雌金步甲并不擅长照顾婴儿。那里并没有幼虫，我的期待落了空。10 月份时，气温开始下降，四只雌金步甲死了，是正常的自然死亡，而活着的那只金步甲对此丝毫不理会，它甚至懒得吃它们。它的胃是为活活地被剖腹的雄性而专门准备的。它在玻璃罩里里蜷缩着身子，努力地想钻进贫瘠的泥土深处。当 11 月来临，第一场白雪落在万杜山上时，它就在洞穴深处冬眠，在这里度过冬天，到来年春天产卵，它可以就此得到安宁了。

第三章

蝉 和 蚂 蚁 的 寓 言

似乎人类很愿意以传言的方式去了解事物，不管是关于人还是关于动物或是关于某一件事情，大家可能都会一直相信从书本上、从别人嘴里或是从各种各样的渠道得来的信息，似乎没有人愿意再去印证一次，这些久为流传的事物当中，有很多其实都是很可笑、不科学的。

比如关于蝉和蚂蚁的故事，这个寓言可能很多人在很小的时候就听过了。整个夏天，蝉都在树上高声歌唱，当看到小蚂蚁们成群结队地往洞里搬运食物的时候，它觉得这一切很可笑，还问蚂蚁："现在正值夏季，有这么多可口的食物，为什么要这么着急储藏食物呢？而且现在天气这么炎热，在这种天气里劳作是一件多么痛苦的事啊！"蚂蚁很诚恳地告诉蝉："夏天很快就会过去了，秋天到了的时候，就没有这么多的食物供我们储藏了，如果是这样，那么到了冬天，我们会饿死的。"但是蝉听了这些却不以为然，甚至还觉得蚂蚁的担心是多余的，于是继续在树上高声歌唱。很快夏天过去了，万物萧瑟的秋天到来了，蝉每天忙着找吃的都没有办法填饱自己的肚子，更不要说储备食物了。到了冬天，蝉忍冻挨饿，终于有一天，它受不了了，来到了蚂蚁家，祈求蚂蚁施舍给它一点食物，可是蚂蚁却说："过去在我们辛勤劳动的时候你在唱歌，现在你可以去跳舞呀！"这段寓言在很多小朋友的童年里都留下了很深的印象，小朋友深深地记住了一件事，那就是蝉是懒惰的家伙，我们不能向它学习，否则就不会有一个好的结局。

这个寓言在之后很长的一段时间里，甚至一直到现在，还对人们有着影响，大家现在还是认为，蝉是一个爱炫耀自己歌喉的懒家伙。可是事实真的是这样的吗？当然不是，蝉生活在有橄榄树的地区，事实上，这个地区很少有人会听见蝉的叫声。但是大家还是觉得它是个只会唱歌的懒虫。因为人们通常很信赖小时候的记忆，就像很长一段时间都相信大森林会有吃掉小红帽的大灰狼一样，当我们钟爱的书本上出现这样一个寓言以后，儿童就会发挥他们的本性，把这些讲给身边的人听，大人们也认为这些牙牙学语的小精灵是不会骗人的，更何况这样的寓言是自己从小就学过的。于是，蝉的声望就这么被破坏了。它是人们口中到了冬天就会被饿死的可怜虫，是向蚂蚁乞讨的小乞丐，偶尔还要靠偷食我们庭院中的麦粒来维持生命，蝉在我们的眼中真算得上是毫无优点了。

可是真正的情况是，冬天的时候根本就没有蝉，就像我们不会在夏天看见雪一样；蝉也不会去偷吃我们遗落在庭院里的米粒，因为吃这样的食物会毁了它较弱的吸管；更不会去向小蚂蚁乞讨，让你去和小鸟对话行得通吗？尽管这么多事实摆在眼前，可还是会有很多人说蝉是一个鸣叫不停的懒东西。

造成这样一个可笑的错误，使得蝉背负了一个莫名的坏名声，始作俑者到底是谁呢？只能说是这篇寓言的作者——

拉·封登。当然首先要承认的是，在他的寓言中，对于其他动物的很多描写都是很细腻的，像对乌鸦、黄鼠狼、山羊、猫、狐狸还有狼等等这些动物的描写都很生动，加上是用寓言的手法来描述，所以他的故事都让人觉得既细致入微又生动活泼，加上他对很多动物的习性、品行的描写都是正确的，所以人们对书中的内容很少产生怀疑。

但是人们没有想过，这些动物都是他见过的，细心观察过的，甚至会成群结队地出现在他家门前，它们的生活习性拉·封登自然很清楚。可是蝉这种昆虫，对于他来说可不是熟悉的物种，他只是凭借自己平时听见的叫声和从前得到的关于蝉的印象，就错把蝈蝈当成了蝉，这个错误在他看来不是什么大事，可是蝉却因为这个寓言一直背负了很多误解。

这个寓言传播范围的广泛程度是让人很惊讶的，这位法国的寓言家的故事很受欢迎，简单易懂，并且能让小孩子们学到很多知识。其实早在拉·封登之前，就有人写过了这个寓言，那就是希腊寓言，所以早在古代的希腊，孩子们就知道蝉是一个只知道享乐的懒家伙，最后有一个悲惨的结局。当他们背着草编的小筐，装满了无花果和橄榄，蹦蹦跳跳去上学的时候，他们就会高声地温习着课本上的寓言，虽然情节听起来没有后来拉·封登描写得那样生动，但是大致的内容是一样的。即是说蝉在夏天没有辛勤劳作，最后在冬天被冻死的故事。

还有人为了让拉·封登的寓言看起来更生动，为他的寓言添加了插画，这个人就是同样生于法国的画家格兰维尔。但可惜的是这位想象力丰富的画家犯了同样的错误，画面中的情节应该是寓言中冬天里发生的一幕。蚂蚁就像一个勤劳的主妇一样，忙活着把潮湿的麦粒搬出来晾晒，而可怜的蝉这时候就低声下气地站在门口，把自己长长的手伸进蚂蚁的家，想求得一点施舍，但是蚂蚁却说出了最让孩子们铭记的话："夏天的时候你在唱歌，那么现在你就去尽情地跳舞吧。"为了让这个画面更具讽刺意义，格兰维尔让蝉穿戴上了漂亮的衣帽，甚至还赐给它一把艺术家的吉他，向人们暗示这个在夏天高声歌唱的懒家伙现在遭到了应有的惩罚。可正是这把吉他显示了他在这个问题上的错误，他肯定也跟拉·封登一样，把蝈蝈错贯上了蝉的大名。

但我更不可原谅的还是希腊的作家，拉·封登不了解蝉，仅从解剖学家那里听了一些言论，加上自己的分析和天马行空的想象，就把蝉写成了一个整个夏天都在歌唱而不去觅食、最后在冬天饥寒交迫的状况下死去的可怜虫。但是希腊的作家不一样，它们天天都能够看得到蝉，只要稍加留心，甚至只是随便看一下，也不会创作出那么荒谬的寓言。如果说他们是根据古印度关于蚂蚁和蝉的故事而继续承袭，那更是让人不可原谅，因为这说明了他们不仅没有细心观察生活，只知道一味地去遵循传统，更揭露了他们理解寓言时的肤浅。文明的古印度在流传这则寓言的时候，旨在告诉人们要有居安思危的思想，做好充足的准备来应对以后的日子，以免苦难发生时没有防备。所以，最初故事里的主人公很可能根本不是蝉，随便一种什么昆虫都可以。但并不是所有的人都能清楚地记得故事的原貌，当一个走形的技艺开始往下继续的时候，就注定了错误的开始，而流传到后来，到了古希腊人的记忆中时，已经没有人知道这个故事最初所蕴含的哲理，只知道这则寓言要告诉人们的是，曾经只知道享受美好时光的蝉最终得到了应有的报应。可怜的蝉为这个寓言背了一世的黑锅，并且似乎再也没能翻身。

当然，现在我做的一切是想为这个可怜的小家伙平反，还它一个清白。但是有一点我还是要承认的，它们的确是比较聒噪吵闹的，我为什么这么了解，因为它们正是我的邻居。我家门外有两棵法国梧桐树，每年夏天，郁郁葱葱的枝叶就像在对它们进行某种有魔力的召唤一样，它们成群结队地扑向这里，好像来晚了就没有安身之地一样，然后就开始放声歌唱，一只蝉的歌唱也许还会让你有心情去聆听，以美好的心情去欣赏。可是当数百只这样的歌唱家一同在你的窗外鸣叫的时候，是不会有谁还可以感受到其中的美妙的。所以我只能早早地起床，抢在它们还没有开始歌唱之前，清醒地进行我的工作。它们醒来后就会高声地歌唱，有的时候我真的觉得这种声音可以用震耳欲聋来形容，我觉得自己的耳膜在接受前所未有的冲击。整个脑袋里没有任何的想法，都是乱哄哄的聒噪，更不要谈什么写作。可能很多人还会把这种小东西养在家中，只是为了在心情不好的时候能够听它们欢快地鸣唱，可我却不一样，或许只有一只的话我也会很喜欢，但是现在的问题是成百的蝉一起在你耳边高声歌唱，真的让人难以忍受。

可能是我和它们之间无法沟通的原因，我们都觉得对方是有些不讲情理。现在，我每天要起得很早，才可以趁它们没有歌唱之前求得一段安静的时间，潜心我的工作。要知道，我这么努力地表达出来的文字，可是在为它们鸣不平啊，它们就不能识相一点，配合一下，给我一段安静的时间吗？可是从蝉的角度上来讲，如果它们能够听得懂我在说什么，恐怕也会觉得我是不可理喻的吧。因为早在我住在这里之前，这两棵高大的法国梧桐就已经存在了，这里早就成为它们聚会的场所，对它们来说，恐怕我才是不速之客吧？所以我根本没有理由命令它们安静。

尽管我带着一点点的怒意，但是还是愿意去寻找事实的真相来还这些可怜的家伙一个清白。尽管我感觉它们的声音快要震坏我的耳膜，但是我还是在树下坐了几天，对这群小东西进行了观察。首先我可以肯定的是，它们并不是懒惰的家伙。这里的 7 月是一个热得让很多人都无法忍受的时节，更别说这些小小的昆虫，在酷热的天气里，它们甚至失去了往日的活力，一动不动，想去寻找甘泉，又怕死在寻找的途中，所以只能焦急而又无奈地等待着。可是蝉却似乎丝毫不害怕这样炎热的天气，它就那样轻松地停在树干上，然后用自己坚硬的小喙像电钻一样在树皮上扎一个小洞。看起来十分坚硬的树皮下面其实早已被太阳晒得充满了汁液，这些对于它们来说无异于甘醇的佳酿，它们畅快地饮用着，高声地歌唱着，仿佛自己跟这个炎热的夏天没有一点关系。

这样高调的行为很快就引起了其他昆虫们的注意，我很高兴没有早早结束自己的观察，因为接下来发生的一幕，正是我为蝉平反的有力证据。所有的小虫子这个时候都很干渴，但是又不愿意盲目地出行去寻找水源，这样很有可能会断送自己的生命。于是它们只是原地不动地四下搜寻着，先确定了水源的位置它们才会采取行动。很快，蝉在树枝上钻开的小井就开始汩汩地向外流淌甘泉了，这很难不引起其他昆虫的注意，天上飞的、树上挂的、地上爬的，刚才还静悄悄的世界一下子变得喧闹起来了，大家蜂拥而至，蜜蜂、苍蝇、花金龟等等，当然来得最多的就是在寓言的最后大肆嘲笑蝉的蚂蚁大军。它们团团围住这口冒着甘泉的小井，汁液流过的地方都被舔食得一干二净，那些小蚂蚁起初不敢太靠近，因为在所有前来偷取蝉的劳动成果中的昆虫中，它们的体积是最小的，它们要确定上前没有危险后才会采取行动，所以起初，它们只是围绕着蝉，小心翼翼地喝一点。蝉倒是很大方，自觉地抬起自己的足，让这些小东西可以到井口边喝个畅快。但是这一举动似乎给了蚂蚁们莫大的鼓舞，它们大肆向前，完全变成了一群得寸进尺的掠夺者。开始的时候还不敢向前，现在胆子大一点的竟然一点点地啃咬蝉的足，它们甚至没有想过，要不是蝉刚才大度地抬起自己的足，它们根本没有机会靠近井口呢。甚至有的蚂蚁还爬到蝉的头上，抓住蝉的喙，使劲地向后扳，它们一定以为，把蝉的喙拔出来以后，井里的甘泉就会喷薄而出。蝉被这群无耻的争夺者弄得失去了耐心，反正自己有钻井的能力，它决定放弃这口井，也省得被这些可恶的东西扰乱心绪，当然，临走之前它还教训了它们一下，在它们的头顶撒了一泡尿。尽管是遭受了这样的侮辱，蚂蚁们还是兴高采烈地围绕在小井的旁边，它们以为里面的甘泉会源源不断地向外流淌，其实它们不知道，蝉的喙不仅仅是一个钻井的机器，更是一台小型的水泵，没有它，这口井很快就会枯竭。

看到这里，我想我可以为蝉平反了。我要否定的不是它们高声歌唱这件事情，而是它们去向蚂蚁乞讨这件事情。这则寓言故事从某种程度上来说是很荒谬的，蝉和蚂蚁在很多时候是没有交集的，即便是有，也不是像寓言中说的那样，是蝉以一个卑微的姿态去向蚂蚁乞讨，然后蚂蚁并没有对眼前的这个可怜虫产生一丝一毫的怜悯，在一通冷嘲热讽后把它赶出了家门，甚至事实正好完全相反，寓言中的两个形象在现实中完完全全地颠倒了过来。在寓言中可怜巴巴去祈求食物的现在变成了自食其力的开拓者，而在寓言中趾高气扬的嘲笑别人的现在反而成了不知廉耻的掠夺者，这一点很多人都不知道吧。更过分的是，这些掠夺者在不知廉耻的掠夺之后，根本没有一丝感恩之情。整个夏季，蝉从自己的硬壳中奋力地挣脱出来以后，只能有五六个星期的欢闹时间，时间一过，它的生命就基本画上了句号。从树上掉下来，毫无活力的生命很快会在太阳下化作一具干尸，此时来分解它们尸体的就是之前那群无耻的掠夺者。有的时候更让人觉得蚂蚁很无情的是，有的蝉只是生命的迹象在逐渐减弱，从树上掉下来，但并不是真正地死掉了，这时候蚂蚁一样会无情地把它们肢解，有的时候我甚至看到，它的翅膀还在微微地颤抖着，可是蚂蚁还是毫不留情地将它往洞口拖去。这时候的蝉应该是很伤心的吧，曾经那么不计较地把汩汩的甘泉分给它们喝，如今却落得个生生被肢解的下场。

曾有一位诗人在自己的诗中大肆赞扬了蝉，这个人就是被称为"希腊贝朗瑞"的阿那克里翁，他眼中的蝉是生于泥土之中、没有血而又不知道疼的家伙。原谅他的描述如此不科学，首先他并不是一名严谨的科学家，不以一种科学家的眼光去看待昆虫也是可以理解的。其次，他的这种观念是遵循传统的，关于蝉的这种说法很可能在他出生之前就已经存在了。当然，我所知晓的也有关于蝉的很写实、很科学的诗歌，也是赞美蝉的一首诗歌。

蝉和蚂蚁

一

我的上帝，天气很热！但对蝉来说可是件好事。
它兴奋到极点，在阳光下尽情地享受。
阳光如火球般炙热，一场大丰收就要到了！
在麦子金灿灿的波浪里，劳动者们
面朝黄土背朝天地挥洒汗水，世界很安静：
着火似的喉咙首先扼杀了它们的歌声。

但是可爱的蝉儿们，你们不怕这炎热的季节，放开音量
让你们的声音响起来。
尽情地摇摆自己的肚子，鼓起你们的身体。
田间的人们挥舞着镰刀，
刀来回地翻转着，刀刃
在金色的麦浪中也闪着光亮。

收割的人们把小水罐挂在腰间，
里面装满了水，用草把口塞住。
此时感受不到酷暑的只有磨石，静静地躺在木头盒子里，
时不时地还可以畅饮一番；
劳动者们却在毒辣辣的阳光下喘着粗气，
热气似乎都快钻进骨头里了。

可是蝉却有自己的解暑方法，你把自己的小喙扎进
小树那丰满多汁的树皮里，
钻一口小井，
甘泉从细细的喙向外涌出。
这时你才开始慢慢地靠上前
开始享受炎夏中冰凉的甘泉。

可一切都不会那么完美，绝对不会！因为有强盗
在你身边窥视的，漂泊至此的，
看见你尽情地饮用甘泉，也赶紧跑过来
想跟你一起享用甘甜的汁液。
你要注意了，它们是一无所有的强盗，
谦卑只是伪装，紧接着它们就会显现出无赖的本质。

从只求解渴，到要求一点满足感
然后就大肆地抬起头

想要全部。用它们尖利的爪子

开始撕扯你的翅膀。

甚至骑到你的身上；

按住你的嘴，踩住你的脚，向后拉你的角。

一群强盗还如此大胆，终于你不想再跟它们纠缠。

但是你生气地向它们撒了泡尿，

然后就远远地离开了，

这些无耻的偷水贼。

它们放肆地大笑，嬉笑打闹，

嘴边还有甘甜的汁液。

这些专门偷取别人劳动成果的窃贼中，

最得寸进尺的就是蚂蚁。

苍蝇、黄边胡蜂、胡蜂、害鳃金龟，

这些都是窃贼分子，

在火球一样的太阳下蹭到你的井边解渴

可蚂蚁却想鸠占鹊巢。

踩着你的脚，按住你的脸，

捅你的鼻子，

使尽各种无赖的手段就是为了赶走你。

甚至借助你的爪子向上爬，

放肆地爬到你的翅膀上，

想用散步惹恼你。

二

老人们以前说的原来是不对的。
因为他们说，
你在冬天里食不果腹。低声下气，
悄悄地前往
蚂蚁那储藏丰厚的地下室。

很多麦粒还没有搬进粮仓，
因为被夜晚的霜打湿，
现在正在太阳下被不断地翻弄着，
直到干了才会装好。
就在这时你突然来访，泪眼婆娑。

你跟蚂蚁说："实在太冷了，北风
在肆虐，我快要饿死了。
你们从巨大的粮仓中
分我一小袋粮食吧。
在下一次丰收的季节，我一定会偿还。"

"借给我一点粮食"还是你应该掉头离开，
因为它们根本不会在乎你怎么样，

别再让自己幻想了，那满仓的粮食中，
你休想得到哪怕一粒。
"滚开，去刮刮你装粮食的桶吧；
夏天你那么高声地歌唱，冬天饿死活该！"

寓言中的情节就是这样的，
让我们学习那些小气的家伙
幸灾乐祸地死守着自己的食粮
……让那些只会唱歌的蠢货
也知道什么叫作报应吧！

这些寓言让我感到愤怒，
因为里面说你冬天的时候去乞讨食粮，
苍蝇、小虫和麦粒，这从来就不曾出现在你的食谱上。
麦粒！你要它做什么呢？
别人饥肠辘辘的时候你自己钻井就已经足够了。

在你的世界里根本就没有冬天，那时候你的后代
正在酣眠，
而你也沉沉地睡去，不再醒来。
尸骸在阳光下化成碎片，飘落一地，
直到被四处抢夺的蚂蚁看见。

在已经干枯的皮囊上，

它们拼了命地争抢；
掏空你的胸腔，将你扯碎，
当作腌肉搬回粮仓。
这才是冬季的好食粮。

<h3 style="text-align:center">三</h3>

这才是真正的事实，
与我们之前所听到的根本不一样。
可恶的蚂蚁现在有什么想法？
这些到处偷窃，
顺手牵羊，大腹便便，
以为储藏就能够称霸的蠢东西。

你们还更加恬不知耻地说，
蝉儿们从来不劳作，
所以让它们吃点苦头是应该的。
不要诋毁别人了，
蝉儿在树皮上钻出甘甜的汁液，
你们去抢夺也就算了，现在它死了，
你们居然还这样居心不良。

这首诗歌虽然听起来很平常，甚至有点俗气的意味，但是我的朋友就是用这种畅快淋漓的方式，为那些被冤枉了不知多少年的小家伙们平反了。

第四章

豌 豆 象 的 产 卵

　　人类对绝大多数植物根源的了解是非常少的，甚至是一无所知。例如我们最熟悉的小麦，它是禾本科植物，同时也是面包的供给者，但我们却不知道它究竟从何而来。古老的东方世界是农业的诞生之地，可是没有一个采集标本的人在还未被翻犁过的土地上找到过小麦的痕迹。无论是在国内还是在外国，人们除了能够细心地照料土地上种植的小麦之外，对于小麦的根源始终无从寻找。

　　豌豆是一种性格较为温顺的植物，只要人们稍稍给予它一点关怀，它就会给予我们很多的回报。因此豌豆也获得了人类很高的赞誉。瓦罗和科吕麦拉的年代已经离我们远去，小硬豌豆和紫花豌豆生长的年代也渐渐久远。从古至今，豌豆在人们精心的种植与呵护下，它的果实长得越来越大、越来越嫩，也越来越甜美。

　　但是，它的起源在哪里？我们无法回答这个问题，我们也不知道第一个使用半颌骨来犁地的人是谁。我们所生活的地带找不到与豌豆相同的植物，或许在其他地域可以找得到吧？模糊的可能性是植物学能够给我们的唯一的答案。

　　我们不了解小麦和豌豆的起源，同样地，我们对大麦、燕麦、黑麦、萝卜、小红萝卜、胡萝卜、笋瓜、甜菜等植物的起源也不是特别清楚。千百年来，人类只不过是对模糊不清的事物进行不断地猜测，而没有确切的答案。大自然为人类提供了无数未经培育的野生植物，这些植物在最初的时候并不愿意为我们提供食物。大自然在赐予我们植物的时候，它们全都是未经栽培的，如桑葚和灌木丛的黑刺李。为此，人们不得不通过辛勤的劳作和积攒下来的经验来精心地培育它们。而种植植物所留下的经验却是人类一笔不断增加的财富。

豆类植物和谷物虽然是为人类供给食物的主要作物，但它们绝大多数都是经过人工栽培的植物。人类为了从它们身上获取更多的食物而不惜花费大量的精力对它们进行培育，最终这些植物也毫不吝啬地为我们提供了大量的食物。人类对小麦、豌豆等植物有着必不可少的需求，也正是由于这样的需求才促使我们不断地改进种植方式，从而有了盛产的植物。然而一旦我们对这些植物弃之不顾，那它们就不可能再成为人类的食物供给者。这是由于它们自身的力量无以抵挡自然界其他力量的攻击。就像没有羊圈的羊在很短的时间内会消失不见一样，没有人类精心照管的植物，尽管它们一开始有着无数的种子，也会在瞬间化为乌有。

大自然对待地球上的一切生物都是公平的，它在给予人类丰富食物与物质的同时，也为其他生命提供了同样的维持生命的原料。虽然能够提供食物的植物是在我们的精心培育之下才有的，但它们却不为我们人类所独有。

在人类囤积的粮食和食物盛宴面前，来自四面八方的食客会纷至沓来。而且我们能够提供的食物越丰盛，那么来的客人就会越多。人类在生产充足、食物丰富的同时，也招来了越来越多的饿着肚子的虫子。粮食储备得越多就越对这些昆虫们有利，而对我们的贡税要求也就越沉重。

昆虫们不用在田间劳作就可以获得大自然给予它们的恩赐。它们在人类生产出来的粮食仓库中安营扎寨，还用灵活尖利的嘴一粒粒地啄食粮食，最终把我们辛苦耕种出来的粮食啄成糠。豌豆象无法了解田间耕作的艰辛与劳苦，然而在作物丰收的时刻它还是能够获得丰收物的一小份。大自然让豌豆荚成熟起来，这不仅是为了在田地里辛苦耕耘的人类，同时也为了豌豆象。不同的是，我们的皮肤被太阳炙烤成了黑红色，我们的腰背累到直不起来，而豌豆象却安然无恙。

豌豆象从哪里来？这个问题没有一个准确无误的答案，我们只能说它是从隐蔽的场所里飞出来的。酷热的夏季使得悬铃树能够自行将树皮剥开，正是这种略微抬起的木栓质树皮为豌豆象和其他一些小虫子提供了躲避恶劣天气的场所。在严寒肆意横行的冬日里，豌豆象躲藏在铃木的枯树皮下面，以冻僵的状态度过寒冷的天气，直到这样的季节彻底过去。等到春暖花开的季节，第一缕温暖的阳光洒在铃木树上时，豌豆象就会从麻木的状态苏醒过来。

豌豆象的本能让它知道豌豆开花的时期，只要到了季节，它们就会从四面八方哼着小曲欢快地飞到园丁劳作的地方，享受豌豆带给它们的快乐。

豌豆花有着白色的花边，像蝴蝶的翅膀一样美丽。豌豆象们就选择在这样美好的住所里繁殖后代。在产卵时刻到来之前，豌豆象们纷纷占领花瓣。有些豌豆象选择花的旗瓣下作为自己的住所，有些则将自己的房子安置在龙骨瓣的小盒子中，但是很多的豌豆象都在搜寻花序，并且将它们占为己有。婚配的时刻选择在上午进行，因为这个时候的阳光虽然强烈但是没有让人腻烦的感觉。豌豆象们双双对对地结合起来，享受温暖的阳光和美丽的豌豆花带给它们的欢乐。一队队的豌豆象时而分开，时而又重新组合在一起，好不快乐。

　　等到正午到来后，由于阳光炽热，豌豆象们便藏匿在自己已经寻找好的豌豆花住所里，躲避强烈阳光的炙烤，待明日以及日后更多的上午时光，再度享受欢乐。这样的欢快日子一直能够持续到龙骨瓣的小盒子被鼓胀起来的豌豆果实弄破。

　　豌豆象是繁殖茂盛的家族，在产卵的适当时节还没有到来之时，就有一些迫不及待的豌豆象将自己的卵产下。但是还没有成熟的豆荚非常细小且平扁，它们的花蒂才刚刚褪除。这些心急火燎的豌豆象们就把卵产在了稚嫩的豆荚里。这些卵看起来情况不大好，因为卵的所在地还十分脆弱，而且没有粉质堆。急急忙忙产下来的卵也许是被卵巢强制性地排除掉的，因为卵巢不能等待。豌豆象的幼虫一旦出生就必须有便利的食物供给，否则很快就会死去。这样看来，急忙产下的卵成活的希望是非常渺小的。在还没有成熟的豆荚那里，豌豆象不可能找到方便的食物，除非它们等待果实彻底长成。不过豌豆象并没有因为自己过急的产卵而导致家族消亡，因为它们的繁殖率非常高。虽然大部分卵都逃脱不了死亡的命运，但是豌豆象的多产使得这个家族依旧很热闹。

5月末的时候，豌豆象母亲的主要任务便完成了。这个时候豌豆荚也差不多成熟了，它们在籽粒的催化下变得多节。象虫类昆虫多是带嘴、带喙的虫子，它们拥有根尖头桩，这个东西同时也用来建造安放卵的地方。昆虫分类学家把豌豆象归到了象虫的科目，但是它们却只有一只短喙。虽然这只短喙能够用来收获甜食，而且十分灵巧，但是却不能作为钻孔工具使用。也正是因为如此，我很想观看豌豆象以及象虫科昆虫干活儿的样子。

橡树象、黑刺李象以及熊背菊花象等象虫在安置家庭时有着非常灵巧细腻的准备方法，而与它们不同，豌豆象有着自己安置家庭的独特方式。豌豆象的卵被没有钻头的母亲产在露天的环境之下，它们的情况很危险，除非卵自身有着抗热、抗寒、抗干燥以及抗湿冷的能力。这种产卵方式极其简单，也使得卵不能受到保护，遭受烈日和恶劣天气的侵扰。

上午的阳光温暖和煦，在差不多10点的时候，豌豆象母亲以自己混乱的步伐上上下下地行走着，从豌豆荚的一面转移到另一面。这位母亲在行走的过程中把自己的一根输卵管展露在我们眼前，这根输卵管不是很粗，来回地摆动着，好像要把豌豆荚的表皮割破似的。

输卵管在豌豆荚的绿色表皮上东一点、西一点地产下卵。卵一经被产下，豌豆象母亲就会对它们弃之不管。这位母亲让自己的卵在空气里暴露着，没有一点遮蔽措施。

豌豆象母亲以无章无序的方式随便将卵产下，好像播撒种子一样。由于母亲的不管不顾，豌豆象幼虫必须有自己寻找食物的能力。一些卵被产在豌豆种子已经膨胀起来的豆荚上，也有很多卵被产在了豆荚隔膜里面，这些豆荚就像贫瘠的小山谷一般。正因为卵被产下的位置不同，有的卵离有粮食的地方很近，而另一些则离得很远，因此豌豆象幼虫还需要有辨别方向的能力，让自己在最短的时间和距离内找到粮食。

除了产卵的杂乱和对幼虫的不闻不问之外，豌豆象母亲的产卵还有一件更要命的事情，那就是豌豆荚内的虫卵数量与豌豆荚的籽粒数不成正比。豌豆象幼虫所必需的食物供给比例是一条幼虫配有一粒豌豆，这是豌豆象存活的规律，不可改变。然而过多的幼虫使得豌豆的供给数目严重不足，哪怕是对于两只幼虫来讲都不够用。

豌豆象母亲显然没有意识到繁殖数目必须根据豌豆荚果实的数量而定这个道理，它们依旧漫无边际地把卵产下，导致众多的幼虫为了一颗果实而你争我抢。

通过观察，我发现每粒种子起码有着5～8只觊觎的幼虫。我所有的统计表上都显示着同样的现象：每个豆荚上的豌豆象卵的数目总是大大地多于豌豆籽粒的数目。无论那颗豌豆看上去有多么的平扁，里面所养的卵的数目总是非常多。而且没有任何迹象表明这样的产卵方式会因为豆荚的缺乏而终止，豌豆象母亲仍然乐此不疲地将自己的卵随意播撒。而那些没有抢到籽粒的卵最终会在饥饿中死亡。

豌豆象母亲往往把卵成双成对地产下，两只卵附着在一起，一只在上，另一只在下。而那只位于下方的虫卵一般情况下都会夭折，这或许是由于上面那只虫卵遮蔽了阳光。缺乏阳光沐浴的虫卵很难拥有正常的生长轨迹，很快就会死去。不过也有例外的情况发生，那就是一对虫卵都会很好地成长起来。然而这样的情况却是少之又少的。假如这种二元制一直持续下去，那么豌豆象的家族成员就会减少一半。除非部分卵不以成双成对的方式产下，而是以单只的方式产下。虽然这样的产卵方式不利于豆荚的生长，但是对于象虫科昆虫的繁殖来说却是天大的好事。

　　每只豌豆象卵都用凝固生蛋白的细纤维网将自己的身体粘在固定的豆荚上面，这种黏附方式能够有效地防止风雨的吹打与侵袭。豌豆象的卵呈圆柱体，色泽黄润，鲜艳逼人。卵的长度不超过一毫米，两端呈圆形，看起来非常光滑。

　　一根带着白色的小带子是孵化出新幼虫的标记，这根小带子在卵壳的附近翘起，并且将豆荚的表皮弄破，为的是幼虫自己能够钻到豌豆荚下面。等幼虫找到了适当的钻入位置，它就会在那里把豌豆荚的表皮划破，然后让自己不到一毫米长的、白色的、有着黑色防护帽的身体钻到宽敞的豌豆荚里面。

　　我用放大镜观察幼虫活动的过程，探寻它们的豌豆球世界。幼虫选择最近的一颗豌豆籽粒住下来，并且在这颗籽粒上面垂直地挖一个坑。小坑挖好后幼虫就将自己身体的一半下入到豌豆籽粒中去。除了豌豆籽粒的下半部分，豌豆象幼虫在籽粒的任何一个部位都可以钻出口子。虽然进口很小，但是由于豌豆是淡绿色或是金黄色，而豌豆象是褐色的，色泽的差异使得它们很容易就能够被分辨出来。幼虫靠露在坑外面的那部分身体推动自己往下钻，只用了很少的时间，它就消失不见了，完全钻进了自己挖好的居所之中。

由于豌豆籽粒的胚胎位于下半部分，所以它的生长不会受到幼虫在上方钻洞的阻碍。豌豆能够很好地生长，但是豌豆象在上面钻洞为什么能够使得下面保持完好无损呢？豌豆籽粒是在什么情况下受到保护的呢？毫无疑问，豌豆象不会对园丁嘘寒问暖，因而也不会对园丁的劳动成果加以保护。

豌豆为豌豆象提供了食物，但是豌豆象却不会为了表达感激之情就口下留情而不吃那能够导致种子灭绝的部分。它们没有吃那一部分有着其他的原因，并不是为了保护豌豆的生长。

由于豌豆在生长的过程中一粒紧挨着另一粒，这种紧密相连的排列方式使得豌豆象幼虫不能够随意地在豌豆上行走。而且豌豆的下面比较厚，这是由于肚脐的瘰瘤所造成的。肚脐由于构造比较特殊，还会分泌出一些让豌豆象感到讨厌的汁液。这些对于豌豆象幼虫来说都是阻碍，而豌豆的上面却没有这些障碍物，所以幼虫的钻孔活动都选择在豌豆的上面进行。

由于豌豆象开发的是豌豆较为空阔的一面，而不受豌豆象开发的一面则是豌豆成长的最关键地带。也因此豌豆能够不受干扰地继续成长，虽然它们表面上看起来已经破败不堪。另外，由于整粒豌豆对于一只豌豆象幼虫来说实在是过于丰富的盛宴，所以幼虫只会在自己最中意的一部分上面活动，而另一面隐藏着生机的部分则不会被破坏。

但是在另一种情况下豌豆还是会被豌豆象所破坏，这种情况同豌豆的大小直接相关。假如豌豆的体积非常小，由于供给豌豆象幼虫的食物过少，幼虫不得不将整粒豌豆啃个精光，这种情况下，豌豆将遭受灭顶之灾。但是如果豌豆的体积过于庞大，这种豌豆会吸引好几只幼虫前来分享。

有时候由于缺乏体积大的豌豆，虫子们还会寻觅粗大的蚕豆和野豌豆来代替豌豆。这样一来，那些体积小的豌豆会遭到豌豆象幼虫的疯狂啃噬，最终只剩下一张空皮，内核则毁于一旦。而体积大的豌豆虽然里面住着很多幼虫，但是由于其他种子的分担，还是会正常地生长。

我们可以确认的是，当一只豌豆象幼虫抢占到一颗豌豆之后，这颗豌豆就成为这只幼虫的私有财产，而其他幼虫是侵犯不得的。豌豆荚里面所有的豌豆上都会有一只豌豆象幼虫将其占领。但是我在思考的是，由于豌豆象虫卵过多而导致豌豆并不够所有的虫卵使用。那么当一些幼虫占据了自己的豌豆之后，那些没有占领到豌豆的幼虫又该如何是好呢？它们会因为没有抢到领地而死去吗？还是会继续与已经拥有豌豆的幼虫展开斗争，最终死于对手的牙齿之下？现在就让我们来解释一下这个问题吧，其实刚刚猜想的两种结论都是不对的。

我用放大镜仔细地观察，在一个有着大圆孔的老豌豆上，每只豌豆象成虫都会在上面留下斑点状的东西。这些斑点呈黄色，在斑点的中间还被穿了孔。此外，斑点的数量也不相等，每粒豌豆上大约有五个或者以上的斑点。

由这些孔的数量我们可以得知里面所居住的幼虫的数量，其数量之大，非常可观。然而就是这样一大堆豌豆虫，它们之中只能有一只幼虫最终长成成虫。那么其余幼虫的出路又是什么呢？让我们来继续观察。

我们在那些被豌豆象遗弃了的干瘪的豌豆上面已经观察到了很多斑点，这些斑点在嫩绿的豌豆上同样存在。差不多每粒进驻着豌豆象的种子上都有这样斑点，这些斑点俨然已经成为豌豆象聚集的标志。我将一颗嫩绿的种子壳打开，将它的子叶分开。在必要的时候还会继续细分。在被分开的豌豆壳中，有好多只豌豆象幼虫钻进里面的小圆窝中。它们的身上现在没有任何遮盖的东西，它们看上去非常小，身子弯弯的像弓箭一般。由于有些肥胖，它们好像个个儿都懒得动弹。这群豌豆象幼虫显得非常宁静，毫无争吵的迹象。

每只豌豆象幼虫都有着足够的食物，它们开始享用了。每只幼虫都被豌豆子叶尚未碰触的部分形成的隔膜分开，每只小虫都有自己独立的卧室，因此它们不会为了抢夺食物而进行争斗。所有的幼虫都有着相同的力量、相同的所有权以及相同的胃口，每只幼虫都不会因为不小心或是故意去碰触另外一只幼虫。

我将那些确定住着豌豆象幼虫的豌豆剥开来放在玻璃试管内，而且每天都会剥开一些。我观察着试管内的情况，了解共栖昆虫的成长习性。我知道这些虫子在成长的初期都没有什么特殊的情况。每只幼虫都在自己的隔间里啃食周边的食物。但是，虽然每只豌豆象幼虫都拥有自己独立的小房间，它们啃食自己周边的食物。但是一颗豌豆的数量是固定的，到最后这颗豌豆总是会被所有的虫子吞噬殆尽。那个时候就是饥饿来临的时刻，只会有一只幼虫存活下来，而剩下的全部都会在饥饿中死亡。

位于豌豆中心的那只幼虫就是存活下来的幸运儿，它比其他任何一只幼虫的成长速度都要快很多，又大又壮。等到这只幼虫长得比其他幼虫都要强壮的时候，周围的幼虫就会通通停下口中的啃食，不再进食。这些幼虫静止了，它们不再动弹。它们死得并不痛苦，生命在惬意的环境中不知不觉地逝去。

现在让我们看看那只位于豌豆中心的幼虫吧，它有着什么情况呢？我并没有准确的答案，我只是猜测。豌豆中心的位置能够得到比其他位置更加受呵护的阳光抚育。我不知道在这里是否有适合娇弱的豌豆象幼虫吃的婴儿类食物，那些较为柔软的肉质。

小婴儿在能够吃成人们食用的面包之前，在能够喝下稀糊之前，他们只能吃乳品。那么在豌豆的中心部位是不是同样存在适合豌豆象幼虫的乳品类食物呢？或许那里有着更容易被豌豆象幼虫吸收的、更加细腻甜美的食物。

豌豆象幼虫向巢穴行进的路程非常艰辛，每只幼虫都有着同样的权利与意图，它们都朝着前方可口的食物进军。在到达最佳位置之前，它们也会停下来啃食东西，但是这种进食并不是为了增强体力，而是为了开发前行的道路。这些幼虫用自己的牙齿咬噬出一条能够继续前进的小道。然而最终只有一只幼虫能够占据豌豆中心的位置，从而能够获得类似乳制品的营养食物。它在占据了中心位置之后便停下来开始享用美食，而其他的豌豆象幼虫则停止前行。

　　我对于其余豌豆象幼虫这种不再前行的行为非常敬佩，它们单纯、顺天意的举动让我欢喜。但是它们是如何得知豌豆中心部位已经被另外一只幼虫占领了呢？难道它们在一定的距离之外能够听到或者感觉到位于中心位置的幼虫因啃食而产生的震动吗？抑或是它们能够听到那只幼虫用自己的大颚敲打隔间的内壁？我想它们应该是知道了什么，因为从那一刻起其余的幼虫便停止了活动。等待它们的只有死亡。